BMW — SO WIRD ER SCHNELLER

Motor buch Verlag
tuning

1600
1600 TI
2002
2002 TI

MITTEL UND MÖGLICHKEITEN ZUR LEISTUNGSSTEIGERUNG

GERT HACK

SO WIRD ER SCHNELLER

Einband: Siegfried Horn unter Verwendung eines Fotos von H. P. Seufert.
Abbildungen und Diagramme:
Alpina (32), BMW (6), Bosch (2), Hack (50), Indianapolis (1), Schruf (4), Schwab (3), Seuffert (1), Weitmann (2). ZF (1).

1. Auflage 1971

Gesamtherstellung: Robert Bardtenschlager, Buchdruckerei, Reutlingen, Inh. Julius Kern.
Printed in Germany.

INHALT

WAS IST EIGENTLICH TUNING? 7
EINE ART VORSTELLUNG 9
- Motor 11
- Fahrwerk und Kraftübertragung 15

BMW UND DER MOTORSPORT 17
MOTOR-TUNING – SCHLÜSSEL ZUR LEISTUNG 19
- Vier wichtige Takte 19
- Den mittleren Druck erhöhen 22
- Füllung verbessern 22
- Verdichtungsverhältnis 23
- Hubraum vergrößern 24
- Aufbohren oder längerer Hub 27
- Höhere Drehzahl 27

PRAKTISCHES TUNING 29
VERGASERFRAGEN UND GEMISCH-AUFBEREITUNG 31
- Vergasertypen 31
- Vergaseranlagen 31
- Vergasergröße und -einstellung 35
- Geeignete Vergaser 37
- BMW-Motoren mit Benzineinspritzung 38
- Luftfilter und Einlauftrichter 40

AUSPUFFANLAGEN 41
DIE ZÜNDANLAGE 44
- Zündspule, Unterbrecher, Kondensator und Verteiler 44
- Der Zündzeitpunkt 45
- Zündkerzen 46
- Spezialzündanlagen 47

ZYLINDERKOPF 49
- Kanäle bearbeiten 50
- Ventile und Ventilsitze 50
- Verdichtungsverhältnis und Brennraum 53

VENTILTRIEB UND NOCKENWELLE 57
- Ventiltrieb drehzahlfester machen 57
- Nockenwelle und Steuerzeiten 57
- Moderner BMW-Ventiltrieb 61

KURBELWELLE, SCHWUNGRAD UND KOLBEN 63
- Massen erleichtern 63
- Kurbelwelle und Pleuel 63
- Kolben 66
- Schwungrad und Kupplung 69

KÜHLUNG UND SCHMIERUNG 70
WAS HERAUSKOMMT 72
- BMW 1600 ccm 75
- BMW 2000 ccm 75
- Hervorragende Fahrleistungen 75

DIE RICHTIGE ÜBERSETZUNG 77
- Das Schaltgetriebe 77
- Achsantriebsübersetzung 79
- Drehzahl-Geschwindigkeitsdiagramm 82
- Sperrdifferential 85

ZUM THEMA STRASSENLAGE 87
- Stoßdämpfer 88
- Sturz und Spur 90
- Vorbildliches BMW-Fahrwerk 90
- Stoßdämpfer, Federbeine, Federn 90
- Räder und Felgen 93
- Stabilisatoren 99
- Reifen 99
- Bremsen 102

SPEZIALMOTOREN UND MOTOR-UMBAUSÄTZE 105
- Alpina-Anlagen 106
- Alpina-Anlage mit Spezialzylinderkopf 106
- Alpina-Spezialmotor 1600 ccm 106
- Alpina-Spezialmotor 2000 ccm 106
- Alpina-Spezialmotor 2000 ccm 106
- Alpina-Spezialmotor 2000 ccm 107
- Alpina-Rennmotor 1600 bzw. 2000 ccm 107
- Alpina-Rennmotor 2000 ccm 108
- Schnitzer-Umbauanlage 108
- Schnitzer-Umbauanlage mit Spezialzylinderkopf 108
- Schnitzer-Spezialzylinderkopf 108
- Schnitzer-Spezialmotor 2000 ccm 108
- Schnitzer-Rallyemotor 2000 ccm 108
- Schnitzer-Rennmotor 1600 ccm 108
- Schnitzer-Rennmotor 2000 ccm 108

SPORTLICHES ZUBEHÖR 109
- Instrumente 110
- Sitze 110
- Lenkräder 110
- Sicherheit 113
- Scheinwerfer 114
- Leichte Karosserieteile 116
- Große Tanks 117

ZU GUTER LETZT – DER TÜV 118
NÜTZLICHE ADRESSEN 119

KF-SC 7
BMW ALPINA

WAS IST EIGENTLICH TUNING?

Diese Frage erscheint fast überflüssig, denn wenn Sie sich für dieses Buch entschieden haben, sollte man eigentlich annehmen, daß Ihnen das Wort »Tuning« ein geläufiger Begriff ist. Die Engländer bezeichnen mit Tuning das Schnellermachen von Automobilen, wofür wir in Deutschland oft den Ausdruck Frisieren gebrauchen. Wörtlich übersetzt bedeutet »tune« jedoch stimmen bzw. abstimmen und war zunächst sicher nicht auf Automobile gemünzt. Aber genauso sollte man es auffassen. Alles am Auto soll aufeinander abgestimmt sein und muß zueinander passen. Es ist nicht gut, irgendein Teil, wie z. B. den Motor, weitgehend zu verändern, ohne das Fahrwerk – je nach Bedarf – miteinzubeziehen. Echtes Tuning umfaßt das Automobil als Ganzes, die Karosserie und das Fahrwerk ebenso wie den Motor und das Getriebe. Darum befaßt sich dieses Buch nicht nur mit den zusätzlichen PS, die man in den Motor packen kann, sondern auch mit allen übrigen Maßnahmen, die auf Grund des Leistungszuwachses erforderlich oder zu empfehlen sind.

Als zweite Frage wäre zu klären, warum man sich überhaupt der mühevollen Arbeit unterzieht und sein Auto mit mehr oder weniger großem finanziellem Aufwand zu beschleunigter Gangart bewegt. Ist es nicht sinnvoller, gleich ein größeres oder stärkeres Modell zu kaufen, das die gleichen Leistungen bereits serienmäßig erreicht? Abgesehen davon, daß man leistungsfähigere Automobile serienmäßig oft nicht kaufen kann, zählt dieses Argument in den Augen der Enthusiasten gering. Denn ein frisiertes, bzw. getuntes Auto besitzt ganz besondere Reize, die ein Serienauto in den seltensten Fällen bieten kann und die in Mark und Pfennig nicht zu erfassen sind. Abgesehen von der Möglichkeit, daß man mit einem solchen Auto den Seriengeschwistern und oft auch der hubraumstärkeren Konkurrenz auf und davon fahren kann, kommt ein Tuning dem im Zeitalter der Massenproduktion immer stärker zutagetretenden Wunsch nach dem individuellen Auto am meisten entgegen.

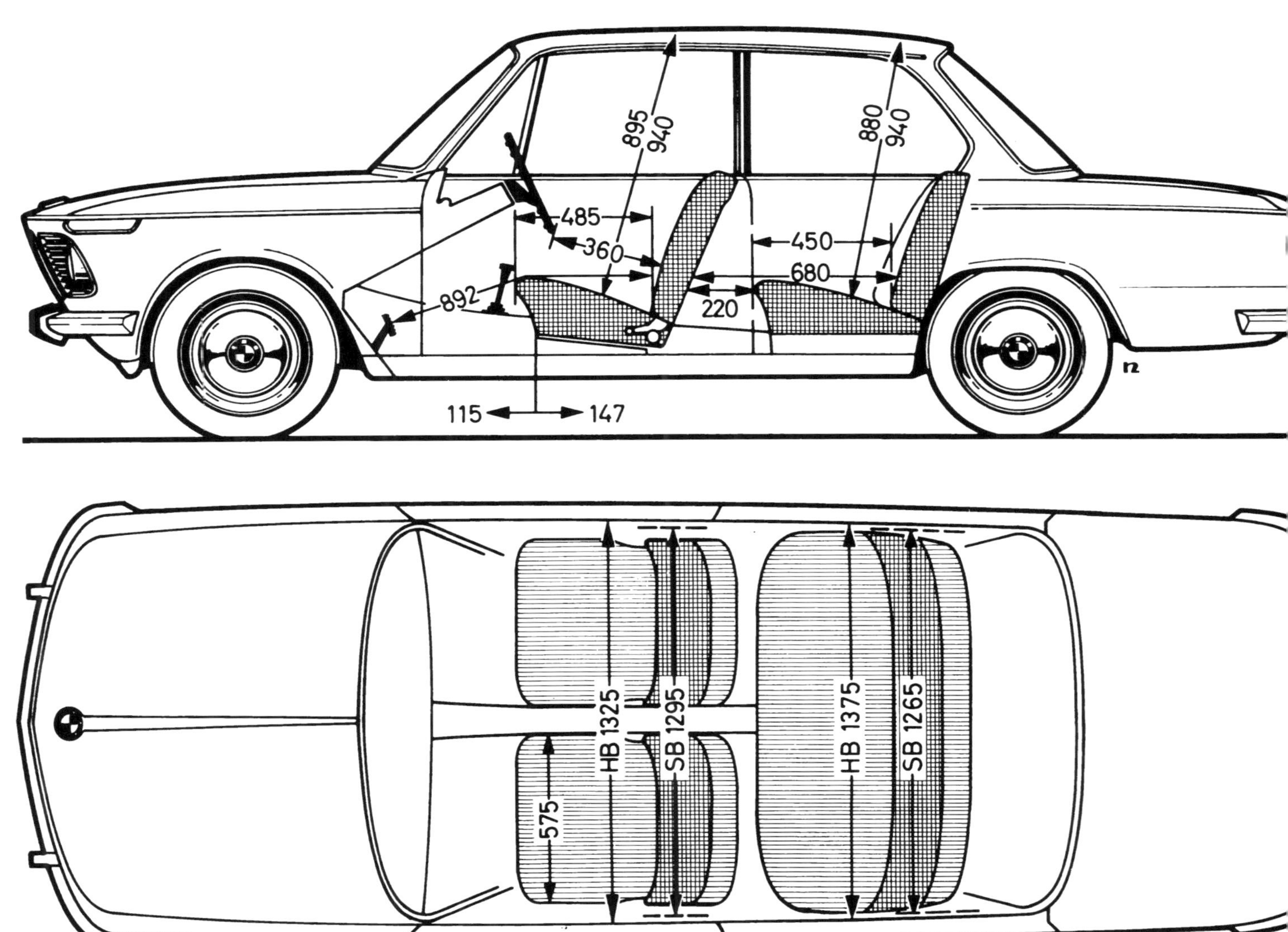

Die BMW-Modelle 1600/1600 TI/2002/2002 TI tragen alle die gleiche Karosserie. In Form, Raum und Gestaltung sind diese kleinen BMW-Automobile ein Musterbeispiel für das, wofür man den Ausdruck »Sport-Limousine« geprägt hat. In der Tat sind diese BMW-Modelle in der Leistung und den Fahreigenschaften manchem Sportwagen überlegen und bieten dennoch den Raum und den Nutzwert eines normalen viersitzigen Autos.

EINE ART VORSTELLUNG

Schon bei ihrem Debut als 1600er lenkte die kleine, zweitürige BMW-Limousine besonders das Interesse der sportlich eingestellten Fahrer auf sich. Man war sich klar darüber, daß dieses relativ kleine und leichte Automobil, selbst mit dem im Verhältnis zu den heutigen lieferbaren Leistungen schwachen 1,6 Liter-Motor, respektable Fahrleistungen aufzuweisen hatte; immerhin sind 85 PS in einem weniger als 1000 kp wiegenden Auto kein Pappenstiel. Doch bei BMW wollte man es keineswegs allein bei diesem Motor lassen, denn die Konzeption des Autos erlaubte durchaus den Einbau stärkerer Antriebsquellen. So gesellte sich zum 1600-2 nach etwa einem Jahr der BMW 1600 TI mit 105 PS, und nur kurze Zeit später, als Modellvariante der BMW 2002 mit dem 100 PS Zweiliter-Motor. Alle drei Modelle sind in der Karosserie und im Fahrwerk nahezu identisch. Der etwas später als viertes und stärkstes Modell dieser Baureihe hinzukommende BMW 2002 TI machte erstmals geringfügige Verstärkungen am Fahrwerk notwendig, doch blieb auch hier das Grundkonzept vollkommen erhalten.

In der folgenden Tabelle sind die für die Fahrleistungen wichtigen Daten und die Fahrleistungen selbst aufgeführt. In einem Diagramm (Seite 10) ist der Leistungsbedarf bei verschiedenen Geschwindigkeiten zwischen 100 und 210 km/h dargestellt, unter Berücksichtigung eines mittleren Rollwiderstandes. Man kann also aus diesem Diagramm die zum Erzielen einer bestimmten Geschwindigkeit notwendige Leistung ablesen.

		BMW 1600-2	BMW 1600 TI	BMW 2002	BMW 2002 TI
Hubraum	ccm	1573	1573	1990	1990
Leistung	PS	85	105	100	120
Gewicht (vollgetankt)	kp	940	962	994	1010
Leistungsgewicht	kp/PS	11,1	9,2	9,9	8,4
Beschleunigung					
0 bis 60 km/h	sec	5,1	4,2	4,5	4,1
0 bis 80 km/h	sec	8,2	6,7	7,0	6,3
0 bis 100 km/h	sec	12,8	10,4	10,3	9,2
0 bis 120 km/h	sec	18,4	15,2	15,0	13,1
0 bis 140 km/h	sec	28,4	22,1	22,0	18,1
0 bis 160 km/h	sec	–	39,8	38,0	28,0
1 km mit stehendem Start	sec	33,7	31,8	31,8	30,6
Höchstgeschwindigkeit	km/h	165	176	175	185

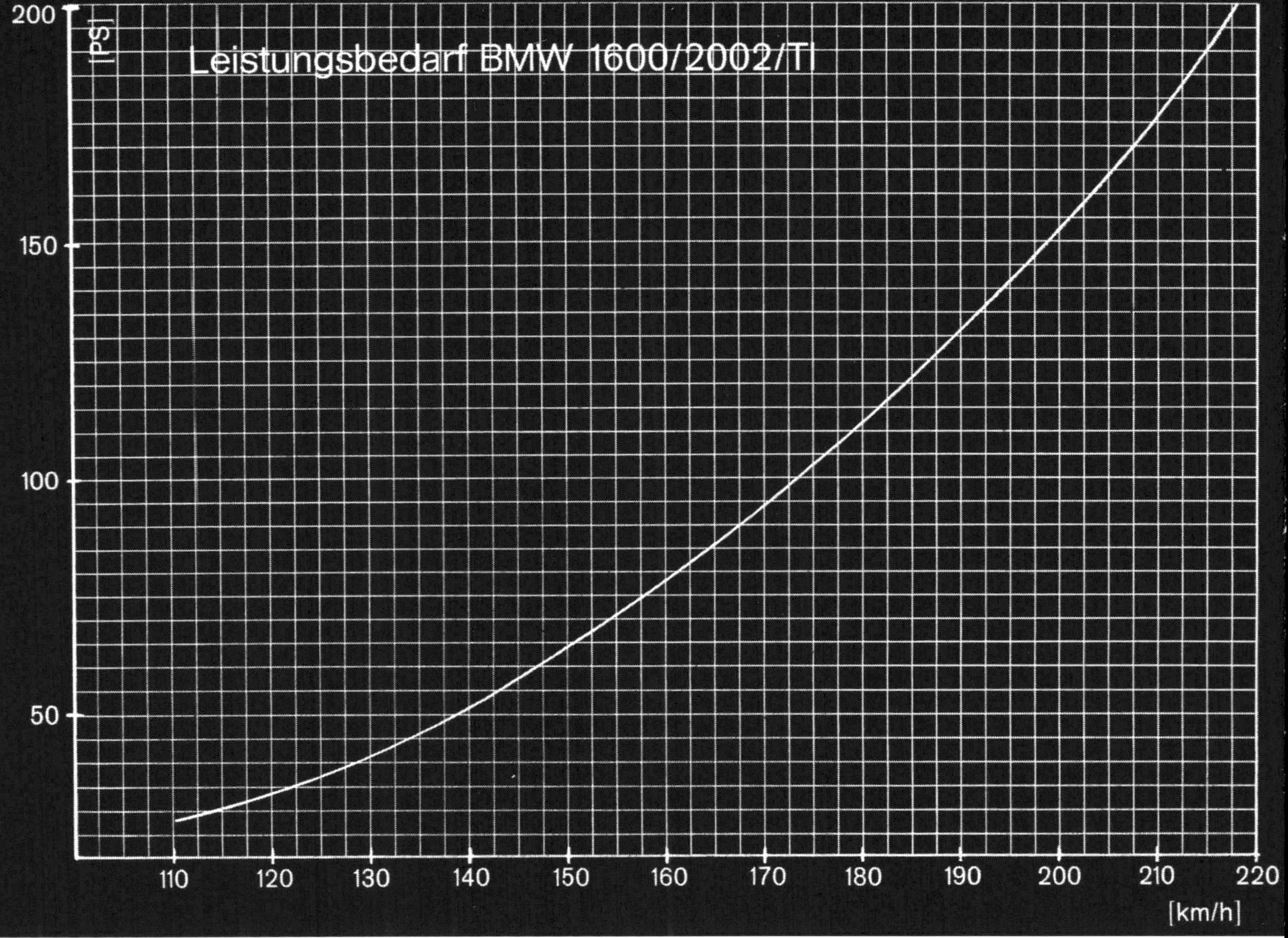

Um eine bestimmte Geschwindigkeit zu erreichen, muß jedes Automobil eine entsprechende Leistung aufwenden. Dieser Leistungsbedarf ist von Typ zu Typ verschieden und hängt in erster Linie vom Luftwiderstand und Rollwiderstand ab. In diesem Diagramm ist der Leistungsbedarf für die kleine BMW-Limousine der Typenreihe 114 (BMW 1600/1600 TI/ 2002/2002 TI) aufgezeichnet. Geringe Abweichungen können sich aus unterschiedlichen Rollwiderständen (abhängig vom Reifen, Luftdruck und der Belastung) und kleineren Karosseriemodifikationen ergeben. Dennoch liefert diese Kurve recht exakte Anhaltswerte. Beispiel: um eine Geschwindigkeit von 200 km/h zu erreichen ist eine Motorleistung von ca. 152 PS notwendig.

Motor

Alle BMW-Vierzylindermotoren dieser Baureihe beruhen auf der gleichen modernen Grundkonstruktion, die sportliches Temperament und eine hohe Leistungsausbeute zuläßt. Eine der wichtigsten Voraussetzungen hierfür ist die obenliegende Nockenwelle und der günstig gestaltete Leichtmetall-Zylinderkopf, mit V-förmig hängenden Ventilen und getrennten, sich gegenüberliegenden Gaskanälen. Der steife Grauguß-Zylinderblock und die fünffach gelagerte Kurbelwelle bieten eine solide Basis für hohe Literleistungen und auch für nachträgliche Leistungssteigerungen. Der 1,6 Liter-Motor besitzt eine Kurbelwelle mit 71 mm Hub und vier Gegengewichten, der 2 Li-

Der BMW-Vierzylinder-Motor zählt als mustergültiger Hochleistungsmotor zu den besten Motoren überhaupt. Eine zentral im Zylinderkopf angeordnete obenliegende Nockenwelle betätigt die V-förmig in den Brennraum ragenden Ventile. Selbstverständlich liegen Einlaß und Auslaß auf verschiedenen Seiten (Cross-Flow) und jeder Zylinder hat eigene Gaskanäle, so daß eine optimale Füllung erzielt wird. Der drehzahlfesteVentiltrieb und der robuste Kurbeltrieb bieten eine hervorragende Basis für nachträgliche Leistungssteigerungen.

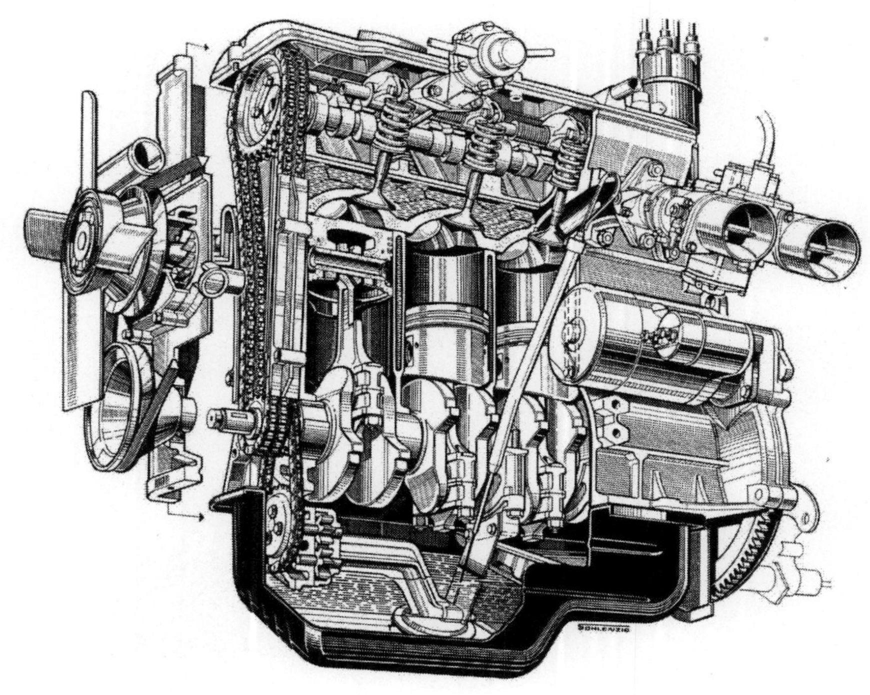

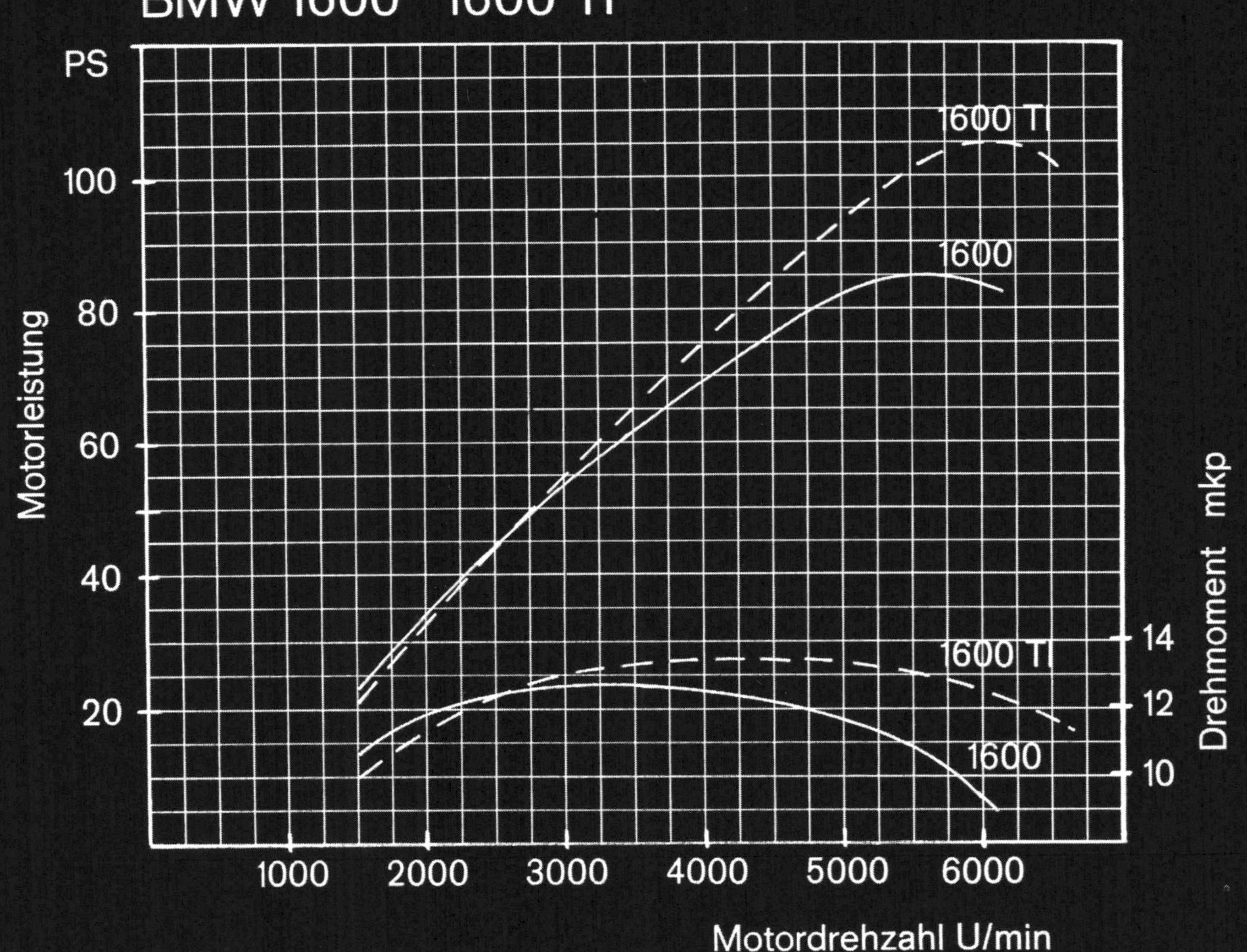

Der Leistungsunterschied zwischen BMW 1600 und 1600 TI resultiert vor allen Dingen aus der besseren Füllung des TI-Motors durch die beiden Doppelvergaser und das höhere Verdichtungsverhältnis. Einen ganz ähnlichen Leistungsverlauf erreicht man, wenn man nachträglich an den normalen 1600er-Motor zwei Doppelvergaser anbaut.

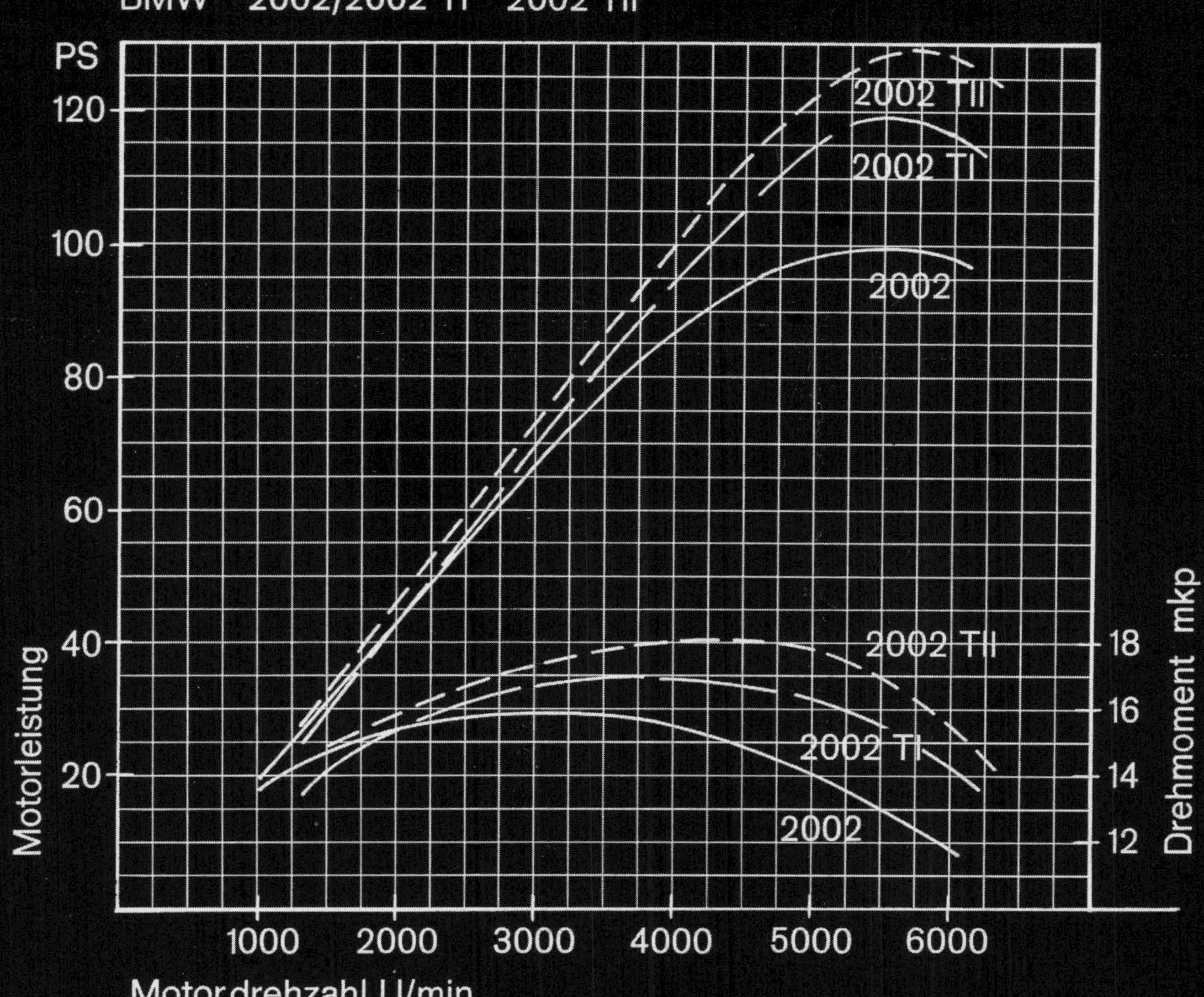

In diesem Schaubild sind die Leistungs- und Drehmomentdiagramme der serienmäßigen BMW-2-Liter-Motoren aufgezeichnet. Interessant ist die in allen Drehzahlbereichen günstigere Leistungsabgabe des Einspritzmotors, der trotz wesentlich höherer Literleistung auch in niederen Drehzahlbereichen mehr Drehmoment abgibt als der 100 PS-Einvergasermotor des BMW 2002.

ter-Motor eine Kurbelwelle mit acht Gegengewichten (wegen der längeren Hubzapfen) und 80 mm Hub. Schließlich kommt die gesamte Hubraumdifferenz von 400 ccm noch durch verschiedene Bohrungsmaße zustande. Die Bohrung beträgt beim 1,6-Litermotor 84 mm und beim Zweiliter 89 mm, was bei diesem Motor eine geänderte Gußform des Motorblocks notwendig machte. Soviel zu den verschiedenen Hubräumen.

Die Leistungsunterschiede innerhalb derselben Hubraumklasse sind das Resultat anderer Vergaser und unterschiedlicher Verdichtungsverhältnisse. So beziehen die »zahmen« Versionen (1600-2 und 2002) ihr Gemisch aus einem einzigen Einfachvergaser und laufen – bei einem Verdichtungsverhältnis von etwa 8,6:1 – sozusagen gedrosselt. Bei den TI-Modellen, und das ist der einzige wesentliche Unterschied, kommt auf jeden Zylinder ein Vergaserdurchlaß (zwei Doppelverser), und das Verdichtungsverhältnis beträgt durch höhere Kolben 9,3:1. In der folgenden Tabelle sind die wichtigsten Motordaten zu finden, der Leistungs- und Drehmomentverlauf geht aus den abgebildeten Diagrammen hervor.

Eine Sonderstellung unter den Vierzylindermotoren nimmt der Einspritzmotor des TII ein. Der Motor entspricht im Grunde genommen dem normalen Zweiliter-Motor bzw. TI-Motor, doch verfügt er als wesentlichen Unterschied über eine indirekte Benzineinspritzung an Stelle der Vergaser (Fabrikat Kugelfischer). Das Leistungsplus von 10 PS gegenüber dem TI-Vergasermotor resultiert jedoch nicht nur aus der Einspritzung. Man mußte, um auf diese Leistung zu kommen, größere Ventile und ein höheres Verdichtungsverhältnis von 10 : 1 hinzuziehen, was die Ansicht bestätigt, daß die Einspritzung allein keine wesentliche Leistungssteigerung mit sich bringt. Ein optimal eingestellter Vergasermotor kommt, unter den gleichen Bedingungen, in etwa auf die gleiche Leistung. Ein Umbau von Vergasermotoren auf diese Serieneinspritzanlage dürfte also keine nennenswerte Leistungssteigerung bringen und ist, abgesehen vom erheblichen finanziellen Aufwand, aus diesem Grund nicht zu empfehlen.

		1600-2	1600 TI	2002	2002 TI	2000 TII
Hubraum	ccm	1573	1573	1990	1990	1990
Leistung	PS/U/min	85/5700	105/6000	100/5500	120/5500	130/5800
Max. Drehmoment	mkp/U/min	12,6/3000	13,4/4500	16/3000	17/3600	18/4500
Bohrung × Hub	mm	84 × 71	84 × 71	89 × 80	89 × 80	89 × 80
Verdichtungsverhältnis		8,6 : 1	9,3 : 1	8,6 : 1	9,3 : 1	10 : 1
Literleistung	PS/Liter	54,0	66,7	50,3	60,3	65,3
Vergaser	Solex	38 PDSI	2 × 40 PHH	40 PDSI	2 × 40 PHH	–[1])
Einlaßventil	mm ∅	42	42	44	44	46
Auslaßventil	mm ∅	35	35	38	38	38

[1]) Kugelfischer-Benzineinspritzung.

Fahrwerk und Kraftübertragung

Die kleinen BMW-Modelle sind bekannt für ihre guten Fahreigenschaften, die in erster Linie das Verdienst einer hochwertigen Fahrwerkskonstruktion sind. Alle Modelle dieser Baureihe besitzen im Prinzip die gleiche Radaufhängung. Die Vorderräder sind durch McPherson Federbeine, Querlenker und Zugstreben geführt, die Federung erfolgt über Schraubenfedern. Die Stoßdämpfer liegen im Innern der Federbeine. Die Hinterräder werden durch schräg angelenkte Längsschwingen (Schräglenker) geführt und ebenfalls durch Schraubenfedern abgefedert. Die Stoßdämpfer liegen außerhalb der Federn sehr eng am Rad, um möglichst große Stoßdämpferwege zu erhalten. Alle Modelle werden auf Wunsch mit zwei Stabilisatoren vorn und hinten ausgeliefert, die Typen 2002, 1600 TI und 2002 TI besitzen sie serienmäßig. Beim 2002 TI wurden außerdem die

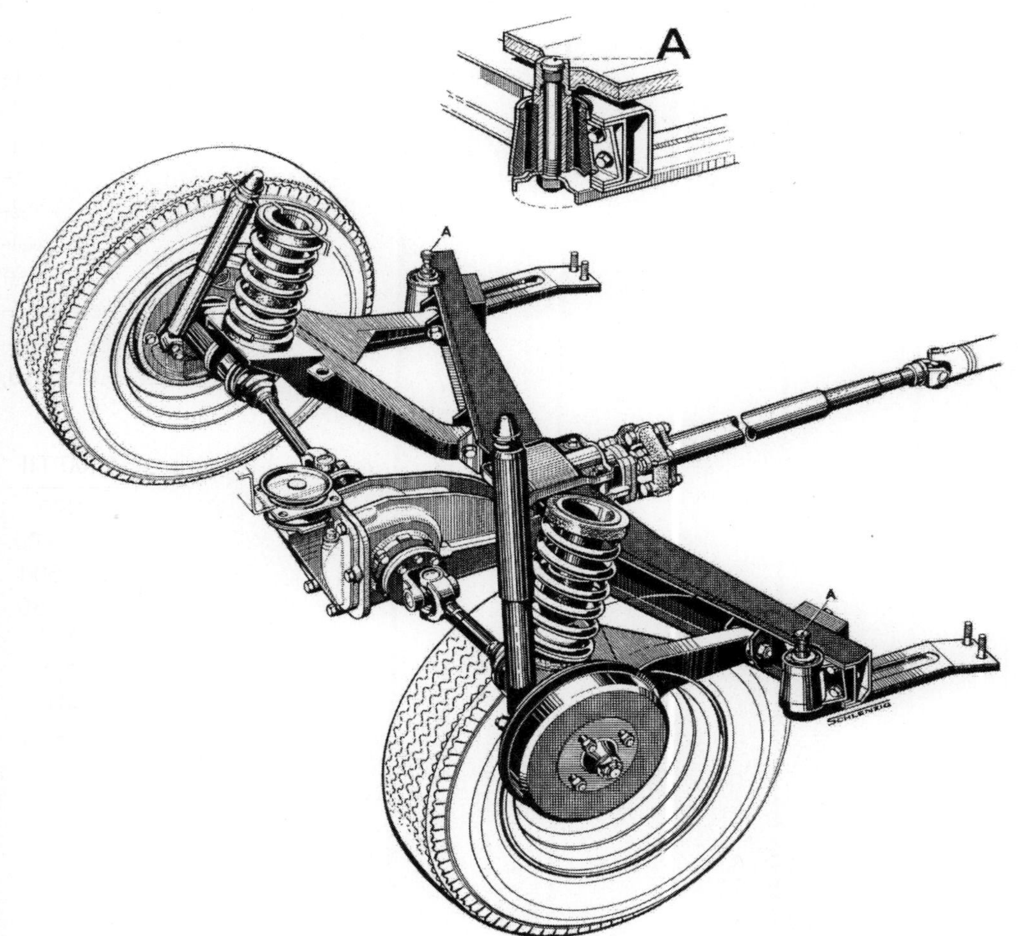

Eine Pionierleistung besonderer Art vollbrachte BMW mit der Einführung der Schräglenker als Hinterradaufhängung. Die Vorteile dieser Radführung sind unter anderem geringe ungefederte Massen und eine exakte – vom Konstrukteur beeinflußbare – Radkinematik. Dieses Konstruktionsprinzip hat sich so bewährt, daß renommierte Firmen wie Porsche, Daimler-Benz, VW, Peugeot und Rolls Royce diese Aufhängung übernommen haben.

Radaufhängungselemente verstärkt (geschlossenes Profil der hinteren Schwingen und stärkere Achsenschenkel). Die Felgendimension ist bei allen Typen außer dem 2002 TI einheitlich 4½ J x 13. Die Felgen des 2002 TI haben die Größe 5 J x 13, durch diese Räder ist außerdem eine geringfügige Spurverbreiterung von 16 mm bedingt.

Auch der Aufbau der Bremsanlage ist bei allen Typen einheitlich (vorn Scheibenbremsen, hinten Trommelbremsen). Bis Ende 1968 hatten die Modelle 1600, 1600 TI und 2002 vorn kleine Bremsscheiben (240 mm Durchmesser, 10 mm stark). Mit Einführung der Zweikreisbremsanlage erhielten die Modelle 1600, 1600 TI und 2002 größere Bremsscheiben gleicher Stärke (256 mm Durchmesser, 10 mm stark), während der 2002 TI von Haus aus noch stärkere Bremsscheiben (256 mm Durchmesser, 12,7 mm stark) in Verbindung mit einem größeren Bremssattel aufweisen kann.

Außer dem BMW 1600 werden die übrigen Modelle serienmäßig mit einem Unterdruck-Bremskraftverstärker ausgeliefert. Sämtliche Modelle besitzen von Haus aus das gleiche, vollsynchronisierte Vierganggetriebe (Abstufung und Drehzahldiagramm siehe Seite 83). Die Achsantriebsübersetzung ist auf Grund der verschiedenen Motoren unterschiedlich (1600: 4,1 : 1; 1600 TI: 3,9 : 1; 2002 und 2002 TI: 3,64 :1).

BMW UND DER MOTORSPORT

Die kleinen BMW-Limousinen erwiesen sich in vielen motorsportlichen Wettbewerben als überaus erfolgreich. Dank ihres handlichen Formats, ihrer guten Leistung und ihrem günstigen Leistungsgewicht bieten sie in Wettbewerben beste Voraussetzungen. Die Liste der jüngsten BMW-Erfolge reicht von der Deutschen Rallye-Meisterschaft 1967, zum Gewinn des Tourenwagen-Europapokals 1968/69/70 und zur Europabergmeisterschaft für Tourenwagen 1968/69/70. Die Erfolge wiegen um so mehr, als die viersitzigen BMW in ihren Klassen zum Teil gegen reinrassige GT-Fahrzeuge, wie Alfa Romeo GTA und Porsche 911 antreten mußten, die durch die Lücken des weitgesponnenen Sportgesetzes als Tourenwagen geschlüpft waren. Nicht zuletzt sind die BMW-Erfolge auch der Initiative und der Unterstützung

Hervorragende Straßenlage und gut beeinflußbares Fahrverhalten haben die kleine BMW-Limousine berühmt gemacht. Es gibt kaum ein anderes Automobil, daß sich so schnell und zugleich problemlos um Kurven fahren läßt.

Mit dem Kurvenverlauf entgegengesetzt eingeschlagenen Vorderrädern »durchdriftet« hier ein BMW die vereiste Abfahrt des Col de Turini. Dennoch besteht kein Grund zur Aufregung: am Lenkrad kurbelt Schleuderkünstler Rob Slotemaker.

des Werkes zu danken, das den Motorsport nicht nur durch Werkseinsätze bereichert hat, sondern auch die zahlreichen privaten Sportfahrer mit Prämien ermuntert.

Die kleinen BMW-Limousinen (1600/1600 TI/2002/2002 TI) sind alle als sogenannte Serientourenwagen (Gruppe 1) homologiert. In dieser Gruppe bieten natürlich die TI-Modelle die besseren Voraussetzungen, da sie bei gleichem Hubraum über mehr Leistung verfügen. In der Gruppe 2 der Spezialtourenwagen sind die Chancen für alle BMW-Modelle ungefähr gleich, da in dieser Gruppe sehr weitgehende Änderungen an Motor und Fahrwerk erlaubt sind, so daß auch die von Haus aus schwächeren Modelle entsprechend umgerüstet werden können. Für ein optimales Wettbewerbsauto sollten allerdings die Modelle 2002, 2002 TI und 1600 herangezogen werden, da für diese beiden Typen die meisten Zusatzausrüstungen homologiert sind. Testblätter mit den darin enthaltenen Änderungen und Zusatzausrüstungen sind über die BMW-Sportabteilung zu beziehen.

MOTOR-TUNING — SCHLÜSSEL ZUR LEISTUNG

Nachdem Sie nun Ihr Auto mit seinen wichtigsten Daten und Werten näher kennengelernt haben und auch wissen, was es serienmäßig für Leistungen zu bieten hat, wollen wir uns zunächst mit der Leistungssteigerung des Motors beschäftigen, denn darum geht es ja in erster Linie. Um hier die grundsätzlichen Zusammenhänge einer Leistungssteigerung zu verstehen – ob sie nachträglich oder werkseitig in Serie vorgenommen wird, spielt hier keine Rolle –, muß man sich über die Arbeitsweise eines Verbrennungsmotors und die Leistungserzeugung klar werden. Wir wollen uns hier aus Gründen der Einfachheit auf Viertakt-Hubkolbenmotoren beschränken, die im Automobilbau am meisten verbreitet sind.

Vier wichtige Takte

Bekanntlich verbrennt in den Zylindern eines Motors ein Kraftstoff-Luft-Gemisch ganz bestimmter Zusammensetzung – früher sagte man

Der serienmäßige TI-Motor wird von zwei Solex-Doppelvergasern 40 PHH gespeist. Als 2 Liter leistet er 120 PS, als 1,6 Liter respektable 105 PS.

es explodiert – und erzeugt dadurch einen Druck, der den (die) Kolben nach unten treibt und die mittels Pleuelstangen mit den Kolben verbundene Kurbelwelle in Bewegung setzt. Damit es dazu kommt, durchläuft ein Viertaktmotor vier verschiedene Arbeitsphasen:

1. Ansaugen der Frischgase
2. Verdichtungs- bzw. Kompressionshub
3. Zündung, Verbrennung und Expansionshub
4. Ausstoßen der verbrannten Gase

Es ist einleuchtend, daß die Kraft, die bei der Verbrennung auf die Kolben einwirkt, um so größer ist, je mehr Brennmaterial – also Kraftstoff-Luft-Gemisch – zur Verfügung steht und je höher der dabei auftretende Druck ist. Die auf die Kolben wirkende Kraft und das an der Kurbelwelle auftretende Drehmoment stehen – ebenso wie die Leistung – in unmittelbarem Zusammenhang. Mit anderen Worten, je größer die Kraft oder besser gesagt der Druck auf die Kolben ist, um so höher ist auch das Drehmoment und die Leistung.

Da der während der Verbrennung auftretende Druck nicht gleichmäßig ist, hat man den Begriff des »mittleren Verbrennungsdruckes« eingeführt. Das Drehmoment ist aber außer vom mittleren Druck noch vom Hubraum abhängig, da ein größerer Hub bzw. eine größere Bohrung bei gleichem Druck ein größeres Moment ergeben. Dieser Zusammenhang kommt in der folgenden einfachen Formel zum Ausdruck:

$$M_d = p_m \cdot V_h \cdot (K)$$

In dieser Formel deuten M_d das Drehmoment, p_m der mittlere Verbrennungsdruck (Reibverluste schon abgezogen) und V_h der Hubraum.

Bei jedem Expansionshub der Kolben wird also ein bestimmtes Drehmoment erzeugt, d.h. eine Arbeit geleistet. Für den Hubkolbenmotor gilt demnach zwangsläufig, daß seine Leistung um so höher ist, je öfter ein solcher Expansionshub stattfindet, was wiederum von der Drehzahl des Motors abhängig ist. Daraus resultiert, daß die Leistung von zwei Faktoren bestimmt wird, nämlich von der Drehzahl und dem Drehmoment. Aus der Leistungsformel ist dieser einfache Zusammenhang gut ersichtlich:

$$N = M_d \cdot n \cdot (K)$$

Die Buchstaben N stehen für die Leistung, n für die Drehzahl und K ist wie bei der ersten Formel eine Rechnungskonstante, die hier nicht weiter interessiert. Setzt man für das Drehmoment M_d den in der ersten Formel gefundenen Ausdruck ein, erhält die Leistungsformel folgendes Aussehen:

$$N = p_m \cdot V_h \cdot n \cdot (K)$$

Aus diesen relativ einfachen theoretischen Betrachtungen wird deutlich, welche Maßnahmen notwendig sind, um die Leistung eines Motors zu erhöhen. Man kann

- **den mitteren (effektiven) Druck erhöhen;**
- **den Hubraum vergrößern;**
- **die Drehzahl anheben.**

a

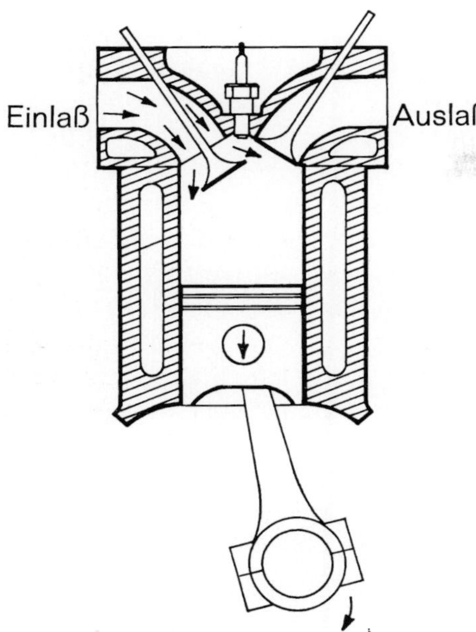

b

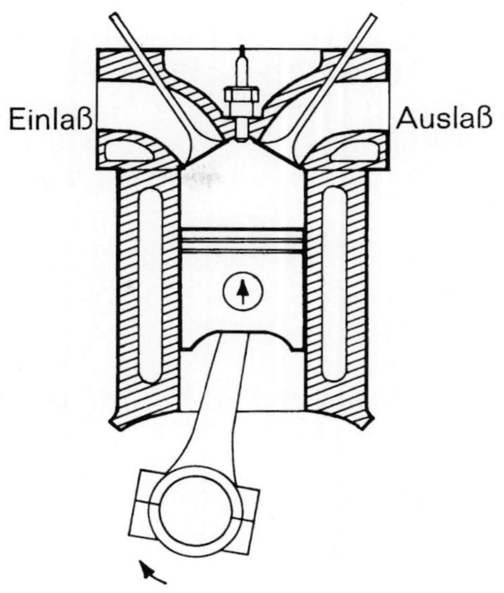

c

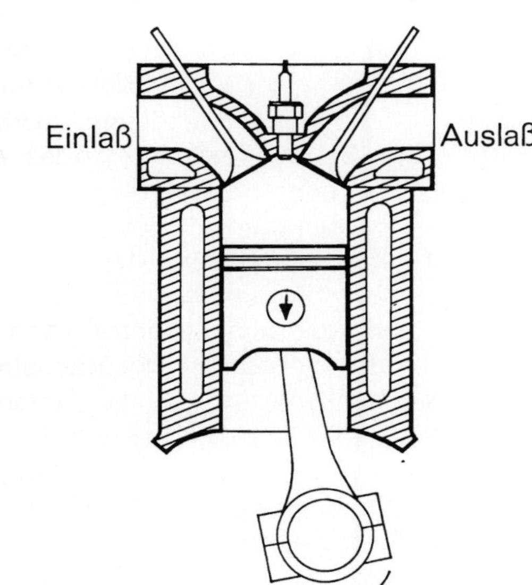

d

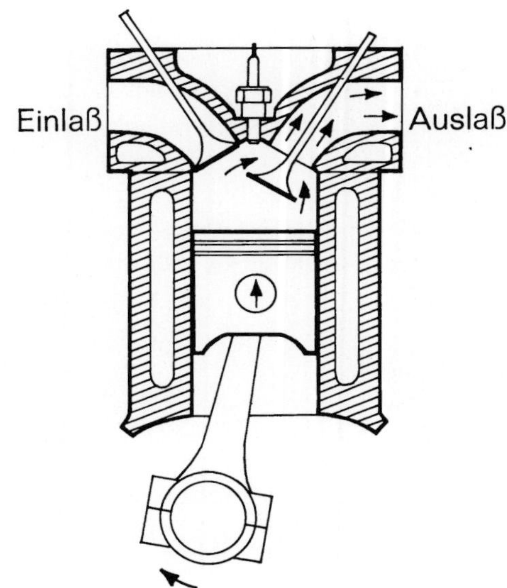

Das Arbeitsprinzip des Verbrennungsmotors wird aus diesen vier Skizzen deutlich:

a) Ansaugen des Frischgases (Einlaßventil geöffnet);
b) Verdichtung des Kraftstoff-Luftgemischs (beide Ventile geschlossen);
c) Zündung und Verbrennung des Gemischs (beide Ventile geschlossen);
d) Ausstoß der verbrannten Gase (Auslaßventil geöffnet).

In der Regel wird man bei einer Leistungssteigerung nicht nur eine dieser Möglichkeiten in Anspruch nehmen, sondern unter Umständen alle drei Maßnahmen zugleich anwenden. Wir wollen sie hier im Prinzip der Reihe nach durchgehen.

Den mittleren Druck erhöhen

Neben der absoluten Höhe des Mitteldruckes – dem aus technischen Gründen bestimmte Grenzen gesetzt sind – ist auch noch sein Verlauf über der Drehzahl entscheidend. Da der Mitteldruck genauso wie das Drehmoment verläuft, können wir mit diesem etwas leichter verständlichen Begriff arbeiten. Es steigt zunächst mit der Drehzahl an, erreicht einen Maximalwert und fällt dann wieder mehr oder weniger stark ab. Man kann also feststellen, daß ein bestimmtes Motordrehmoment bzw. ein bestimmter Mitteldruck bei hoher Drehzahl mehr Leistung bringt, als bei niederer Drehzahl. Man wird demnach versuchen, nicht nur die absolute Höhe des mittleren Druckes zu steigern, sondern auch seinen Maximalwert in höhere Drehzahlbereiche zu verlagern. Hierzu muß man wissen, welche wichtigen Faktoren die Größe und den Verlauf des mittleren Verbrennungsdruckes bestimmen. Es sind dies die Zylinderfüllung, das Verdichtungsverhältnis und die Reibungsverluste.

Füllung verbessern

Unter der Füllung versteht man die Fähigkeit eines Motors, Frischgas anzusaugen. Je größer die angesaugte Frischgasmenge, um so höher der Verbrennungsdruck und damit die Leistung. Es sollte also das Hauptanliegen bei jeder Leistungssteigerung sein, die Zylinderfüllung des Motors zu verbessern, denn hier sitzt man sozusagen am Quell der Leistung.

In erster Linie bestimmen Querschnitt, Verlauf und Anzahl der Saugwege die Füllung. Zu den Saugwegen zählen außer den Ansaugkanälen im Zylinderkopf, dem eigentlichen Saugrohr zwischen diesem und dem (bzw. den) Vergasern natürlich auch der (bzw. die) Vergaser selbst und das Luftfilter. Auf diesem langen Weg sollte das angesaugte Frischgas möglichst wenig Widerstand finden. Dabei treten die Hauptdrosselverluste im Vergaser selbst und am Ventil auf.

Aus diesen Überlegungen lassen sich folgende Konsequenzen ziehen: Die Vergaserschnitte sollten möglichst groß sein, das Luftfilter soll eine freie Atmung gewährleisten, die übrigen Saugwege sollten von der Dimensionierung und Führung her möglichst geringen Widerstand bieten und die freien Ventilquerschnitte müssen ausreichend sein.

Neben den Saugwegen bestimmen die Ventilsteuerzeiten (die den Gaswechsel im Motor regeln) und der Ventilhub die Füllung eines Motors ganz wesentlich. Es ist klar, daß ein Ventil, das schnell und weit öffnet, mehr Gas durchlassen kann als ein langsam öffnendes mit geringem Hub. Da die Ventilsteuerzeiten und auch der Ventilhub von der Nockenwelle abhängen, ist eine Änderung dieser Einflußgrößen nur mit einer anderen Nockenwelle möglich.

Auch die Auspuffanlage beeinflußt, obwohl ursprünglich nur für die Führung und Dämpfung der

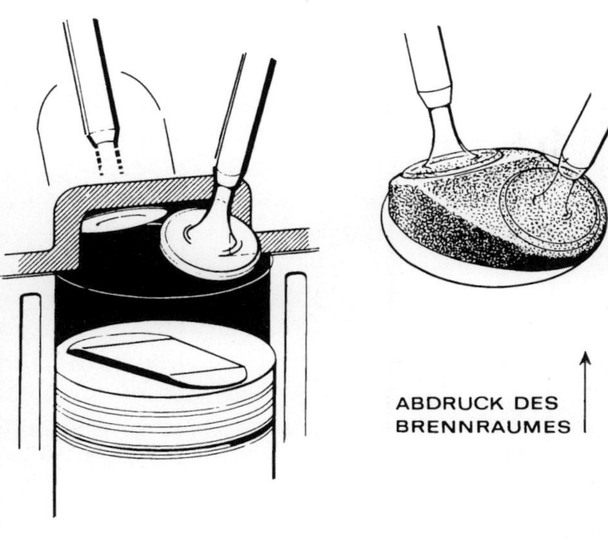

Besonderen Wert legte BMW auf die Gestaltung der Brennräume. Die ursprüngliche Wirbelwanne (oben) wurde im Lauf der Entwicklung zur »Kugel-Wirbelwanne« umgestaltet (unten). Die gute Verwirbelung des Gemischs und die Kompaktheit dieser Brennraumkonstruktion sind mit ein Grund für die Wirtschaftlichkeit und die hohe Leistung der BMW-Motoren.

Abgase gedacht, die Füllung eines Motors unter Umständen in hohem Maße. Durch richtige Führung und Gestaltung der Auspuffanlage läßt sich nämlich nicht nur eine – für gute Füllung unbedingt notwendige – schnelle Entfernung der Abgase erreichen, sondern auch noch ein gewisser Saug- und Aufladeeffekt durch die Schwingungen der Gassäulen ermöglichen.

Verdichtungsverhältnis

Man versteht darunter das Verhältnis des gesamten Zylinderraumes (einschließlich Brennraum), wenn der Kolben an seinem unteren Totpunkt (UT.) steht zu dem Rest, den er bei seiner höchsten Stellung (oberer Totpunkt) übrigläßt. Diesen Rest kann man auch als Brennraum bezeichnen. Die Berechnungsformel für das Verdichtungsverhältnis sieht dann so aus:

$$e = \frac{V_h + V_k}{V_k}$$

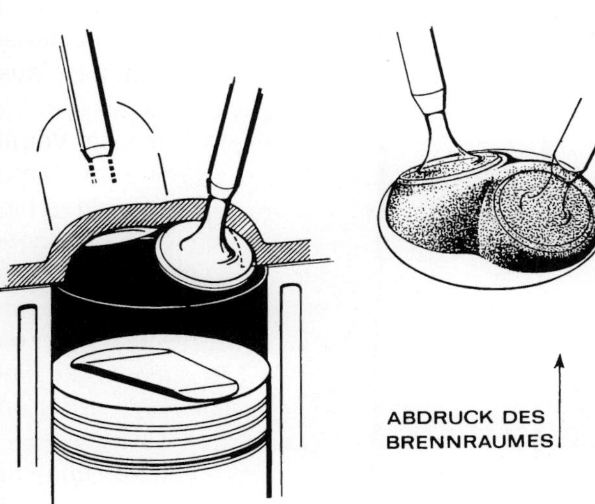

In dieser Formel bedeuten e das Verdichtungsverhältnis, V_h der Hubraum (eines Zylinders) und V_k das Volumen des Brennraumes. Eine Erhöhung des Verdichtungsverhältnisses bringt neben einer

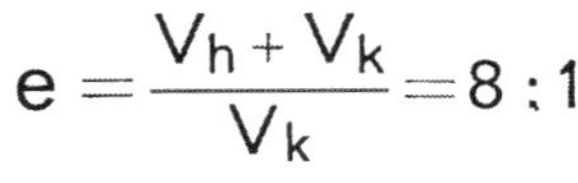

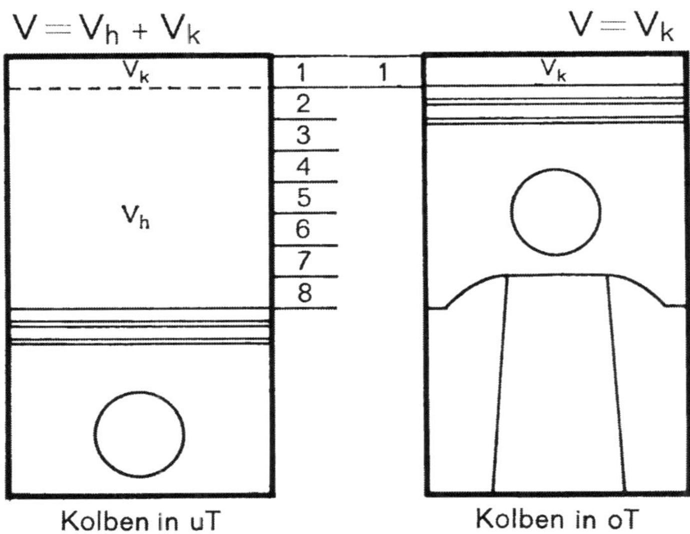

Für die Bestimmung des Verdichtungsverhältnisses wird stets der jeweils in den beiden Totpunktstellungen über dem Kolben verbleibende Raum herangezogen.

Verbesserung des thermischen Wirkungsgrades eine Erhöhung des mittleren effektiven Druckes. Ein möglichst hohes Verdichtungsverhältnis ist also im Hinblick auf die Leistungsausbeute wünschenswert, doch sind hier von der Belastbarkeit des Triebwerkes und der Klopfgrenze (Selbstzündung des Gemischs) her Grenzen gesetzt. Auch spielt die Form des Brennraumes eine Rolle, die ebenfalls einen gewissen Einfluß auf die Höhe des mittleren Druckes hat.

Hubraum vergrößern

Die Hubraumvergrößerung ist bei Einhaltung bestimmter Grenzen eine relativ einfache und unkomplizierte Art der Leistungssteigerung. Sie wird darum von professionellen Tunern ebenso gern angewandt – sofern dies möglich ist – wie im Serienmotorenbau. Denn eine Hubraumvergrößerung gestattet eine Leistungserhöhung, ohne daß die für die Lebensdauer eines Motors kritischen Größen, wie Druck, Temperatur und Drehzahl zu stark verändert werden, was bei allen anderen Maßnahmen zur Leistungssteigerung zwangsläufig eintritt. Allerdings muß ein Motor auch bestimmte Voraussetzungen mitbringen, um größere Hubraumerweiterungen zuzulassen. Geringe Vergrößerungen des Hubraumes sind jedoch in den meisten Fällen möglich.

Da der Hubraum ebenso wie der mittlere Druck und die Drehzahl als gleichwertige (lineare) Größe in der Leistungsformel zu finden ist, bringt jede Hubraumvergrößerung eine entsprechende, prozentuale Leistungssteigerung. Diese ist von der Literleistung des jeweiligen Motors abhängig. Unter der Literleistung versteht man die Leistungsausbeute eines Motors im Verhältnis zum Hubraum. Hierzu wird die Leistung (PS) durch den Hubraum (1 Liter entsprechend 1000 ccm) des jeweiligen Motors dividiert. Berücksichtigen muß man außerdem, daß die Literleistung theoretisch mit zunehmender Zylindergröße abnimmt. Also kann ein Achtzylindermotor eine höhere Literleistung erreichen, als etwa ein Vierzylindermotor des gleichen Hubraumes. Weiterhin treten,

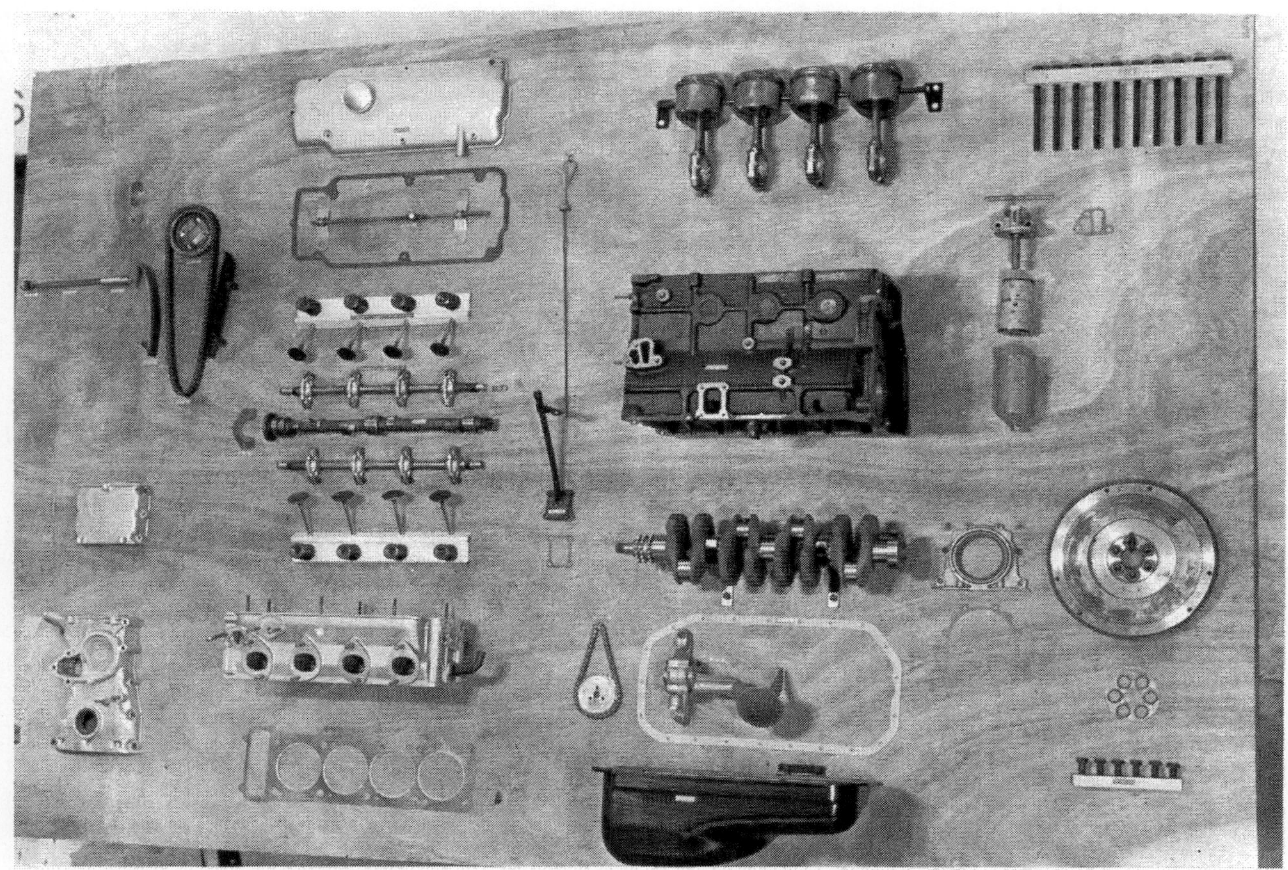

Als »Offenes Geheimnis« präsentiert sich hier der Vierzylinder-BMW-Motor total in seine Einzelteile zerlegt.

wenn man eine Hubraumvergrößerung als alleinige Maßnahme zur Leistungssteigerung vornimmt, Füllungsverluste auf, da ja mehr Gemisch durch die gleichen Ansaugwege in die Zylinder geführt werden muß. Unter Berücksichtigung all dieser Tatsachen kann man den nur auf eine Hubraumvergrößerung zurückzuführenden Leistungsgewinn mit folgender Faustformel gut abschätzen:

Für eine optimale Leistungssteigerung ist neben einer Bearbeitung des Zylinderkopfes auch eine Überarbeitung des Kurbeltriebes notwendig. Größere Vergaser mit 45 mm Drosselklappendurchmesser sorgen auch bei hohen Drehzahlen noch für ausreichende Füllung.

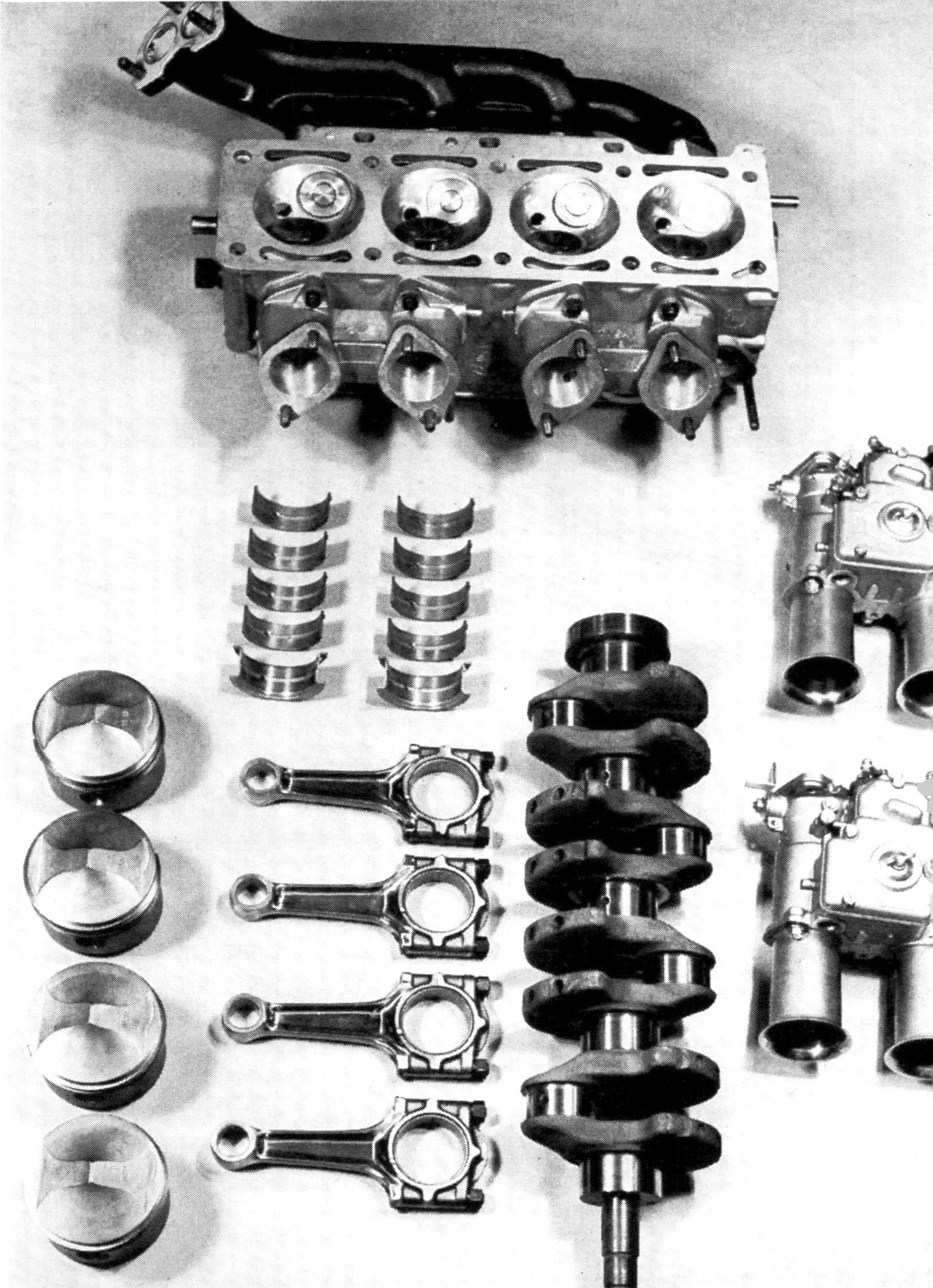

- Leistungsgewinn = Literleistung des vorhandenen Motors × zusätzlicher Hubraum × 0,8. Hierbei ist die Literleistung in PS/Liter und der zusätzliche Hubraum in Liter anzusetzen.

Aufbohren oder längerer Hub

Die einfachste Art der Hubraumvergrößerung ist zweifellos das Erweitern der Zylinderbohrung, allgemein als Aufbohren bekannt. Da jedoch dadurch die Zylinderwandstärke reduziert wird, sind hier die Möglichkeit je nach Motortyp verschieden. Außerdem setzt das Aufbohren zunächst das Vorhandensein geeigneter Kolben mit ebenfalls größerem Durchmesser voraus. Sind alle diese Bedingungen erfüllt, ist gegen diese Art der Hubraumvergrößerung nichts einzuwenden.
Durch eine Verlängerung des Kolbenhubs kann der Hubraum ebenfalls vergrößert werden. Hier liegen die Dinge etwas komplizierter als beim Aufbohren, da neben einer anderen Kurbelwelle (mit größerem Hub) entweder kürzere Pleuel oder niedrigere Kolben notwendig sind, die ein Überschieben des Kolbens über die Zylinderoberkante (entsprechend dem verlängerten Hub) verhindern. Weiterhin ist zu beachten, daß sich bei einer Hubveränderung auch die Kolbengeschwindigkeit ändert, so daß von dieser Seite gewisse Grenzen gesetzt sind, die jedoch nur bei relativ langhubigen Motoren kritisch werden können. Insgesamt erfordert eine Hubraumvergrößerung durch längeren Hub mehr Aufwand als das relativ einfache Aufbohren und sollte nur dann vorgenommen werden, wenn die Voraussetzungen hierzu günstig sind.
Den durch die erwähnten Maßnahmen gewonnenen Gesamt-Hubraum kann man sich aus der Hubraumformel ausrechnen.

$$V = z \cdot H \cdot \pi \cdot \frac{D^2}{4}$$

Darin bedeuten V das Hubvolumen in ccm, z die Anzahl der Zylinder, H die Länge des Kolbenhubes (in cm) und D der Durchmesser der Bohrung (in cm); π als Konstante mit 3,14.
Für Vierzylindermotoren vereinfacht sich die Formel wie folgt:

$$V = H \cdot \pi \cdot D$$

Höhere Drehzahl

Da die Drehzahl in gleichem Maße wie der mittlere Druck und der Hubraum die Leistung eines Motors beeinflußt, zählt eine Drehzahlsteigerung mit zu den wichtigen Zielen einer wirksamen Leistungssteigerung. Eine Erhöhung der Drehzahl ergibt sich bereits zwangsläufig bei einer Entdrosselung des Motors zum Zwecke des höheren Mitteldruckes. Denn primär wird die Drehzahl (unter Vollast) bei Gebrauchsmotoren von der Füllung beeinflußt, das heißt bei hohen Drehzahlen sind die Füllungsverluste so hoch, daß hierdurch eine wirksame Drehzahlbremse entsteht. Sorgt man jedoch dafür, daß bei hohen Drehzahlen die

Füllung noch gut ist, was durch entsprechende Maßnahmen (Mehrvergaseranlagen, größere Einlaßquerschnitte, schärfere Nockenwellen usw.) ohne weiteres möglich ist, können die ursprünglich einem Motor zugedachten Drehzahlgrenzen bei weitem überschritten werden, was nicht nur zu einer Erhöhung der Spitzendrehzahl, sondern des gesamten Drehzahlniveaus führt.

Einer größeren Drehzahlerhöhung stehen aber in der Regel noch mechanische Grenzen im Wege. So wächst die Beanspruchung aller beweglichen Teile des Motors stark an, ebenso wird die Kolbengeschwindigkeit größer. Doch sind Kurbeltrieb und Kolbengeschwindigkeit meist keine drehzahlbegrenzenden Kriterien bei modernen Serienmotoren, sondern eher der Ventiltrieb.

Die Drehzahlfestigkeit des Ventiltriebes wird von seiner Konstruktion, von der Nockenwelle und den Ventilfedern bestimmt. Die hierdurch bedingten Drehzahlgrenzen (Flattergrenze der Ventile) können durch geeignete Maßnahmen in den meisten Fällen ein gutes Stück hinaufgesetzt werden, manche moderne Motoren haben eine solche Überarbeitung gar nicht nötig.

Sollen sehr hohe Drehzahlen im Dauertrieb erreicht werden, so genügt nicht nur eine Überarbeitung des Ventiltriebes, sondern auch der Kurbeltrieb muß den veränderten Verhältnissen angepaßt werden. Hierzu zählen in erster Linie Erleichterungen der Triebwerksteile, die nicht nur der Betriebssicherheit dienen, sondern vor allem die bei hohen Drehzahlen stark ansteigende Reibungsverluste vermindern. Durch diese wird nämlich der durch die höhere Drehzahl bedingte Leistungsgewinn zum Teil wieder aufgezehrt, so daß diesem Punkt auch schon aus diesem Grund eine gewisse Bedeutung zukommt.

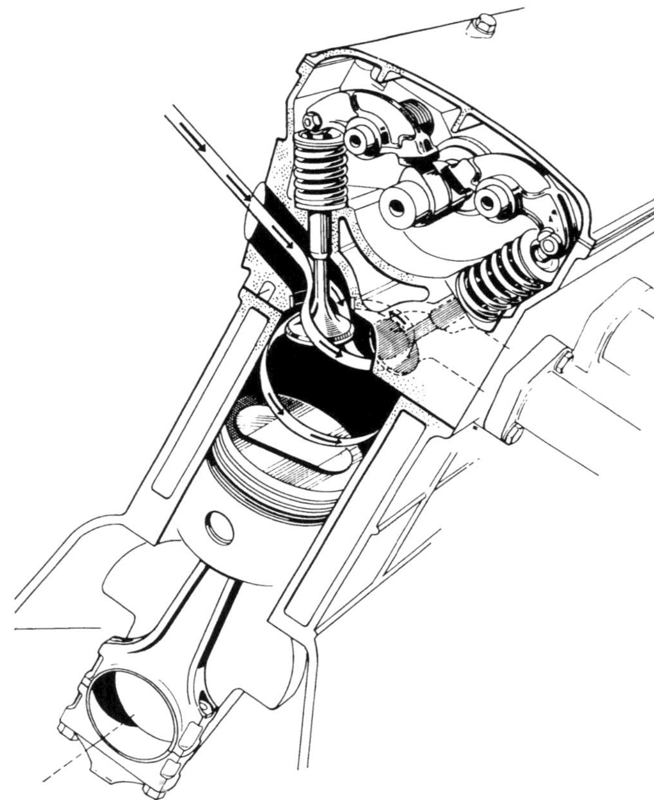

Der Ventiltrieb des BMW-Motors ist von Haus aus sehr drehzahlfest. Unter normalen Umständen reichen deshalb die Drehzahlreserven auch für getunte Motoren aus (ca. 7000 U/min). Für höhere Ansprüche empfiehlt sich der Einbau von Spezialventilfedern und anderen Nockenwellen.

PRAKTISCHES TUNING

Bevor man sich zu einer Leistungssteigerung des Motors und zur Überarbeitung des übrigen Autos entschließt, sollte man sich darüber klar sein, welchem Zweck das Ganze dient. Wünscht man nur etwas mehr Dampf zum Herumfahren, so genügen oft schon einfache und relativ preiswerte Maßnahmen – wie z.B. Zweivergaseranlagen oder Spezialzylinderköpfe –, um diesen Wunsch zu erfüllen. Von einem tieferen Eingriff in den Motor, der im Endeffekt zwar dann mehr Leistung bringt aber auch manchmal höhere Risiken birgt und Kosten verursacht, kann man dann absehen. Ein Tuning für Wettbewerbe muß hingegen schon umfassender sein und sollte die mit noch relativ einfachen Mitteln auszuschöpfenden Möglichkeiten eines Motors nutzen. Einbußen in der Lauf-

kultur und der Betriebssicherheit sind nicht zwangsläufig der Fall, doch auch wiederum nicht ausgeschlossen.

Für ein optimales Spitzen-Tuning, wie es z.B. für den Renneinsatz notwendig wäre, kommt nur eine Spezialfirma in Frage, die die nötige Erfahrung auf diesem Gebiet hat. Diese Art der Leistungssteigerung ist dann meist ziemlich teuer, auch ist das Auto für den normalen Verkehr oft nicht mehr geeignet, was nicht nur auf Grund der Motorcharakteristik, sondern auch wegen der damit verbundenen übrigen Modifikationen der Fall ist.

Um Sie mit dem Schwierigkeitsgrad der einzelnen Maßnahmen besser vertraut zu machen, beginnen wir mit den einfachsten, jederzeit rückgängig zu machenden Veränderungen an Ihrem Wagen, wie z.B. andere Vergaser, Auspuffanlagen usw. Erst wenn es sozusagen bereits in den Zylinderkopf hineingeht, werden die Dinge etwas diffiziler. Der eigenen Handarbeit hier weit vorzuziehen sind in jedem Fall die von einigen Firmen angebotenen Tuning-Kits, die man bei entsprechenden Kenntnissen entweder selbst montieren kann oder aber montieren läßt. Noch einfacher, aber in den meisten Fällen der teuerste Weg, ist der Einbau von kompletten getunten Motoren, die für die BMW-Modelle von verschiedenen Firmen angeboten werden. Sofern damit eine gewisse Garantie verbunden ist, sind sie trotz ihres relativ hohen Preises die beste Lösung.

VERGASERFRAGEN UND GEMISCHAUFBEREITUNG

Die Aufgabe jeglicher Gemischaufbereitung ist es, die einzelnen Zylinder mit zündfähigem Gemisch zu versorgen. Dazu müsssen Luft und Kraftstoff in einem ganz bestimmten Verhältnis, das bei etwa 13:1 bis 11:1 liegt, miteinander gemischt werden. Die Art der Gemischaufbereitung spielt für dieses Verhältnis keine Rolle. Es ist also im Prinzip gleichgültig, ob das richtige Luft-Kraftstoff-Verhältnis in einem Vergaser oder durch eine Benzineinspritzanlage hergestellt wird. Die Schwierigkeit liegt in beiden Fällen darin, unter allen Betriebsbedingungen des Motors – also bei Vollast unter hohen und niederen Drehzahlen, Teillast und Leerlauf – dem Motor das jeweils richtige bzw. optimale Gemisch zu liefern.
Die der jeweiligen Luftmenge entsprechende Kraftstoffmenge wird in Vergasern durch ein kompliziertes Düsensystem geregelt, bei Einspritzanlagen geschieht die Regelung entweder mechanisch mit der Einspritzpumpe oder durch ein elektronisch gesteuertes Dosiergerät. Der Durchsatz, also die jeweilige Luft- bzw. Gemischmenge wird in den meisten Fällen durch Drosselklappen geregelt, während manche Einspritzanlagen auch eine Schieberregelung aufweisen, die den Vorzug hat, daß bei voll geöffnetem Querschnitt kein störendes Teil mehr die Strömung behindert.

Vergasertypen

Ausgehend von der Strömungsrichtung des Gemischs unterscheidet man Fallstromvergaser, Flachstromvergaser (Horizontalvergaser) und als Mittelding zwischen diesen Bauarten Schrägstromvergaser. Innerhalb dieser grundsätzlichen Einteilung sind natürlich noch verschiedene Bauformen möglich. Man unterscheidet hier Einfachvergaser (mit einem Durchlaß), Doppel- bzw. Dreifach-Vergaser (mit zwei bzw. drei Durchlässen und einer gemeinsamen Schwimmerkammer) und Registervergaser (mit zwei oder mehr Durchlässen).
Beim Registervergaser, der meist zwei Durchlässe besitzt, wird zunächst, bei niederer Drehzahl, wenn der Luftbedarf des Motors noch gering ist, nur e i n e Drosselklappe betätigt, während erst bei Vollast und höheren Drehzahlen die zweite Öffnung freigegeben wird. Für getunte Motoren sind Doppelvergaser oder mehrere Einfachvergaser besser geeignet, um eine getrennte Gemischversorgung der einzelnen Zylinder zu ermöglichen.

Vergaseranlagen

Sinn und Zweck von anderen Vergasern, Zweivergaseranlagen oder Doppelvergaseranlagen ist in allen Fällen, durch größere Vergaserquerschnitte eine bessere Füllung zu erreichen. Oft werden Mehrzylindermotoren serienmäßig mit einem einzigen Vergaser betrieben, der dann hinsichtlich seiner Dimensionierung bei einer nachträglichen Leistungssteigerung dem erhöhten

Der Weber-Doppelvergaser 40 bzw. 45 DCOE ist für BMW-Motoren besonders gut geeignet. Ein besonderer Vorteil dieses Vergasers ist die leichte Zugänglichkeit sämtlicher Düsen.

Der als »ALPINA-Anlage« bekannte Vergaserumbausatz der Firma Bovensiepen bringt bei Einvergasermotoren ohne sonstige Änderungen zwischen 15 und 20 PS. Etwas mehr Leistung ist zu erwarten, wenn ohne Luftfilter gefahren wird.

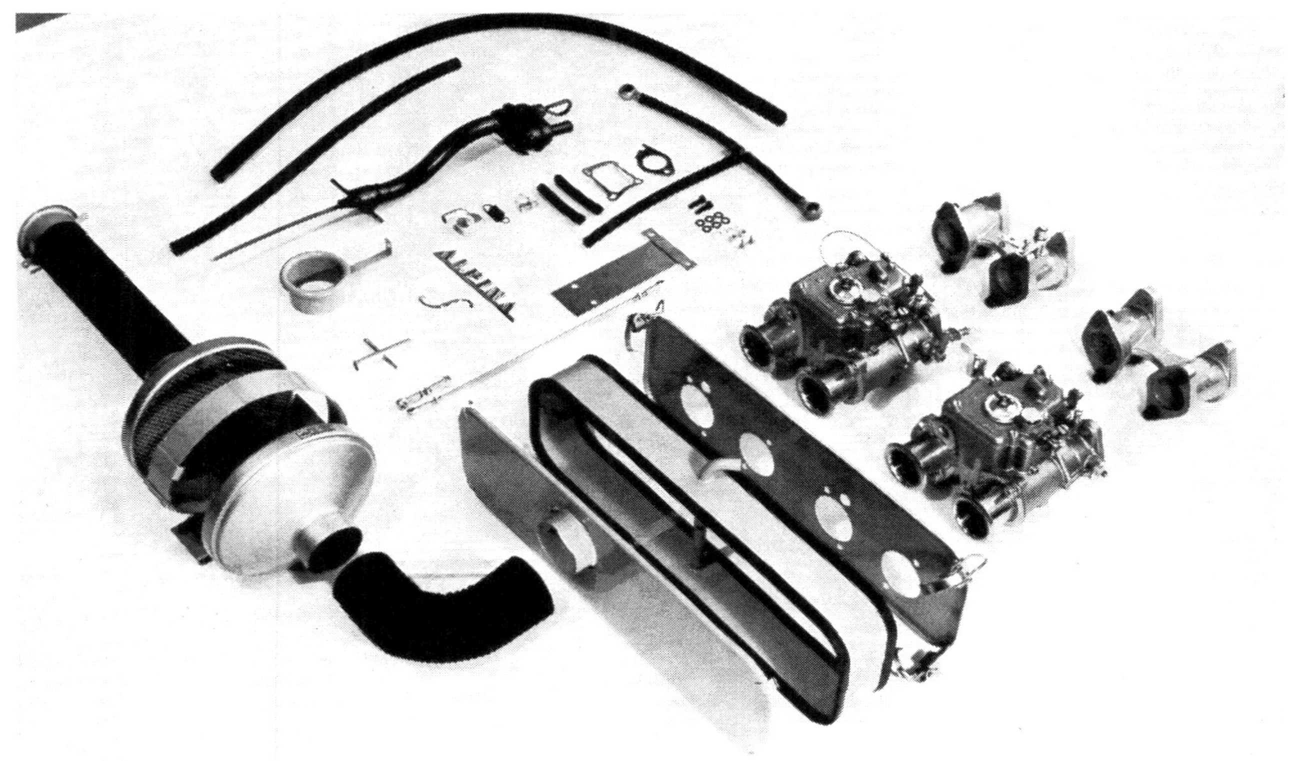

Mit den zwei Doppelvergasern allein (hier Weber 40 DCOE) ist eine Vergaseranlage noch lange nicht komplett. Welche Zubehörteile außerdem notwendig sind, zeigt dieses Detailfoto einer ALPINA-Anlage.

Durchsatz nicht gewachsen wäre. Welche Vergasertypen bzw. Anlagen am günstigsten sind, ist von der Konstruktion des Motors und der Gestaltung der Zylinderkopfeinlässe abhängig. Grundsätzlich gilt jedoch, daß zu einer optimalen Leistungsausbeute für jeden Zylinder ein gesonderter Vergaserdurchlaß vorhanden sein soll. Diese Forderung läßt sich in der Praxis dann nicht erfüllen, wenn für zwei Zylinder im Zylinderkopf nur ein Einlaßkanal vorhanden ist. Doch geht die Tendenz im modernen Motorenbau dahin, für jeden Zylinder einen gesonderten Einlaßkanal vorzusehen, was bei allen BMW-Motoren der Fall ist.
Die Vergaser allein machen jedoch noch keine komplette Anlage, wozu noch einiges mehr ge-

hört. Geeignete Saugrohre, die im Durchmesser und der Gestaltung der Anlage entsprechen, Gasgestänge, Benzinleitungen und zahlreiche Kleinigkeiten gehören dazu. Es lohnt sich also, auf komplett lieferbare Anlagen zurückzugreifen. Spezielle, widerstandsarme Luftfilter oder Einlauftrichter sind für die meisten Vergasertypen erhältlich.

Vergasergröße und -einstellung

Die Größe eines Vergasers ist wie gesagt vom Durchsatz abhängig, der wiederum vom Hubraum und der Drehzahl des Motors bestimmt wird. Als Maß für die Vergasergröße nimmt man aus naheliegenden Gründen den Drosselklappendurchmesser, der bei der Typbezeichnung jedes Vergasers angegeben wird. Bei der Wahl der Vergasergröße kann man sich ruhig etwas Spielraum nach oben lassen, um auch für stärker getunte Motoren Reserven zu haben. Für die ungefähre Festlegung der notwendigen Vergasergröße ist folgende Formel sehr nützlich:

$$D = 0{,}8 \text{ bis } 0{,}9 \sqrt{\frac{V \cdot n}{i}}$$

In dieser Formel bedeuten D den gesuchten Durchmesser in mm, V den Gesamthubraum des Motors in Liter, i die Anzahl der Zylinder und n die Höchstdrehzahl in U/min. Mit dieser Formel kann man auch gut nachkontrollieren, ob die serienmäßige Vergasergröße reichlich oder knapp bemessen ist. Dabei spielt es keine Rolle, wieviele Zylinder ein Vergaser versorgen muß.

Für die Einstellung herkömmlicher Vergaser (Solex, Zenith, Weber) sind drei Regelgrößen zu beachten, die die Gemischzusammensetzung hauptsächlich beeinflussen. Der Lufttrichter, als engster Querschnitt im Vergaser, regelt den maximalen Luftdurchsatz, die Hauptdüse die Kraftstoffzufuhr und die Luftkorrekturdüse gleicht das Gemisch den verschiedenen Drehzahlbedingungen an. Bei der Einstellung gelten grundsätzlich folgende Regeln:

- **Lufttrichter:** Ein großer Lufttrichter verlagert die Spitzenleistung nach oben, bei zu großen Lufttrichtern starker Leistungsabfall im unteren Drehzahlbereich und Elastizitätsverlust. Kleine Lufttrichter ergeben meist geringere Spitzenleistung, doch besseres Übergangsverhalten und gute Elastizität. Anhaltswert für Lufttrichterdurchmesser: 0,8 × Vergaserdurchmesser.
- **Hauptdüse:** Bestimmt in erster Linie das Mischungsverhältnis von Kraftstoff und Luft. Zu beachten ist, daß sowohl zu fettes als auch zu mageres Gemisch zu einem unbefriedigenden Leistungsverhalten führen. Eine größere Hauptdüse ergibt höheren Verbrauch, eventuell bessere Leistung und besseres Übergangsverhalten beim Beschleunigen. Bei kleinerer Hauptdüse sinkt der Verbrauch, die Leistung nimmt eventuell ab und die Übergänge werden schlechter. Die richtige Größe der Hauptdüse (ebenso des Lufttrichters) kann nur in Versuchen gefunden werden. Als Anhaltswert gilt etwa der fünffache Wert des Lufttrichters (bei Solex-Numerierung).

Sehr gut ist hier der gerade und ungehemmte Verlauf der Einlaßwege zu erkennen. Die Länge der Ansaugwege, die unter anderem für den Leistungs- und Drehmomentverlauf entscheidend ist, wird durch die Länge der Ansaugtrompeten mitbestimmt (ALPINA-Anlage mit ALPINA-Spezialzylinderkopf).

● **Luftkorrekturdüse:** Beeinflußt die Leistung und den Verbrauch hauptsächlich im oberen Drehzahlbereich. Je größer die Korrekturdüse, um so magerer wird das Gemisch bei hoher Drehzahl. Fehlende Leistung bei Vollast (Höchstgeschwindigkeit) kann also unter Umständen an zu großer Korrekturdüse liegen. Für die ungefähre Größe gilt als Regel: Wert der Hauptdüse plus 60 (nach Solex-Numerierung).

Neben diesen drei Hauptregelgrößen bestimmen noch andere Zusatzeinrichtungen am Vergaser das Laufverhalten des Motors. Beschleunigerpumpen, die beim Gasgeben zusätzlichen Kraftstoff einspritzen und Anreicherungssysteme überbrücken Probleme, die mit einfachen Düsensystemen nicht zu bewältigen sind.

Bei unterdruckgeregelten Vergasern (CD, SU, Stromberg usw.) gibt es weder einen auswechselbaren Lufttrichter noch die oben genannten Düsen. Hier regelt ein mit einer Düsennadel verbundener Kolben die Gemischzusammensetzung. Zu einer größeren Änderung der Einstellung sind entsprechende Düsennadeln notwendig, die die Herstellerfirmen dieser Vergaser für getunte Motoren liefern.

Geeignete Vergaser

Die BMW-Vierzylindermotoren bieten beste Voraussetzungen für eine optimale Gemischversorgung. Jeder Zylinder besitzt seinen eigenen Einlaß, so daß eine getrennte Zuführung des Kraftstoff-Luft-Gemischs auf kürzestem Wege möglich ist. Am einfachsten ist dies mit Hilfe zweier Horizontal-Doppelvergaser möglich, die – sofern sie nicht bereits serienmäßig eingebaut sind – eine erhebliche Leistungssteigerung bringen.

Bekanntlich sind die TI-Modelle bereits von Haus aus mit zwei Solex 40 PHH Doppelvergasern ausgerüstet. Unter Verwendung der gleichen Serienteile können auch die Normalmodelle (1600–2/2002) auf diese Anlage umgebaut werden, die Mehrleistung liegt zwischen 15 und 18 PS. Folgende Vergaser sind für BMW-Vierzylindermotoren geeignet, wobei immer jeweils zwei verwendet werden. Sie passen auf die serienmäßigen TI-Saugrohre, die als Ersatzteil bezogen werden können. Dabei ist zu beachten, daß das TI-Saugrohr des 2-Liter-Motors etwas weiter ist.

Solex 40 PHH	TI-Saugrohr
Solex 40 DDH	TI-Saugrohr
Solex 45 DDH	Nur TI-Saugrohr des Zweilitermotors verwendbar (muß nachgearbeitet werden)
Weber 40 DCOE	TI-Saugrohr
Weber 45 DCOE	Nur TI-Saugrohr des Zweilitermotors verwendbar (muß nachgearbeitet werden)

Die Vergaser mit dem kleineren 40 mm-Drosselklappen-Durchmesser sind überall dort geeignet, wo es nicht auf absolute Höchstleistung ankommt, denn ihr Querschnitt beschränkt den Durchsatz bei sehr hohen Drehzahlen. Diese Vergaser reichen bei einem Hubraum von 1600 ccm bis etwa 145 PS aus, bei 2000 ccm Hubraum und dem entsprechend größeren Durchsatz tut man sich bereits ab 150 PS mit den größeren Vergasern leichter.

Vergaser mit 45 mm Durchmesser findet man also hauptsächlich in Wettbewerbsmotoren, aber auch beim Zweiliter in der höheren Leistungsklasse.

Hinsichtlich der Leistungsausbeute besteht zwischen Solex- und Webervergasern kein wesentlicher Unterschied, gleiche Durchmesser vorausgesetzt. Doch bieten die Weber-Vergaser in bezug auf Gewicht und einfache Einstellmöglichkeiten gewisse Vorteile. Bei den Solex-Vergasern ist der moderne DDH-Typ dem PHH vorzuziehen.

BMW-Motoren mit Benzineinspritzung

Seit dem Jahr 1968 benutzt BMW bei den werkseigenen Wettbewerbswagen keine Vergaser mehr, sondern eine Kraftstoffeinspritzung. Es handelt sich dabei um eine indirekte Benzineinspritzung (Saugrohreinspritzung) mit mechanischer Einspritzpumpe Fabrikat Kugelfischer. Die Einspritzpumpe sitzt auf der (von vorne gesehen) rechten Motorseite und wird mittels Zahnriemen von der Kurbelwelle angetrieben. Der Luftdurchsatz wird durch einen Flachschieber geregelt, im Schiebergehäuse sind auch die Einspritzdüsen untergebracht. Sehr lange, abgestimmte Ansaugtrompeten sorgen für eine optimale Füllung, wobei besonders auf eine nahezu gerade Führung der Ansaugwege bis zum Einlaßventil geachtet wurde.

Diese Einspritzanlage, die auch von der Firma Schnitzer eingesetzt und verkauft wird, ist nur für Wettbewerbsmotoren geeignet, da sie auf Grund der einfachen Regelnockengestaltung im Teillastbereich nicht immer die richtige Gemischzusam-

BMW baut den Vierzylinder-Motor auch mit indirekter Benzineinspritzung von Kugelfischer. In der Serie (T II) leistet dieser Motor mit 2 Liter Hubraum satte 130 PS und kann einen sehr günstigen Drehmomentverlauf aufweisen.

mensetzung findet. Überhaupt muß betont werden, daß eine Einspritzanlage nur immer mit einem ganz bestimmten Motortyp kombiniert werden kann, für den ihre Regelung ausgelegt wurde. Im Gegensatz zum Vergaser ist es bei einer Kraftstoffeinspritzanlage mit einfachen Mitteln nicht möglich, die durch beispielsweise verschiedene Brennraumformen oder andere Nockenwellen sich ändernde Gemischzusammensetzung zu korrigieren, wie dies im Vergaser durch den Einbau anderer Düsen usw. ohne weiteres geschieht. Darum sollte man einen Einspritzmotor stets komplett kaufen.

Was die Leistungsausbeute durch die Einspritzanlage betrifft, so konnten die Werksrennmotoren gegenüber gleichen Vergasermotoren ein Leistungsplus von ca. 10 PS und einen über dem gesamten Drehzahlbereich günstigeren Drehmomentverlauf verzeichnen. Dieser Leistungsvorsprung gegenüber den Vergasermotoren ist in erster Linie das Ergebnis der günstigeren Gasführung im Ansaugtrakt und des größeren Querschnitts im Drosselteil. Außerdem fehlen die dem Gemisch doch sehr im Wege stehenden Drosseln. Doch selbst mit der Benzineinspritzung ist es nicht einfach, den Zweiliter-Saugmotor deutlich über 100 PS/Liter zu steigern. Die höchste Leistung wird den Werksrennmotoren mit 206 PS (also ca. 103 PS/Liter) nachgesagt.

Die Anläßlich der IAA 1969 vorgestellte Benzineinspritzung des TII-Motors entspricht im Prinzip der hier beschriebenen Rennausführung, jedoch mit wichtigen Detailunterschieden. Es handelt sich ebenfalls um eine Saugrohreinspritzung mit mechanischer Pumpe von Kugelfischer. Allerdings wurde hierzu bereits die moderne Minipumpe (Typ PL 04) verwendet, die sich durch einen geringeren Platzbedarf auszeichnet. Wichtigster Unterschied ist jedoch die Regelung der angesaugten Luft, was beim TII-Motor aus Gründen der Einfachheit mittels einer einzigen zentralen Drosselklappe geschieht. Diese Anlage ist allerdings für nichtaufgeladene Rennmotoren ungeeignet, da die Vorteile der Saugrohrabstimmung und der optimalen Gasführung nicht voll ausgenutzt werden können. Hierzu wäre eine getrennte Regelung der einzelnen Einlaßquerschnitte, wie dies beim Rennmotor geschieht, notwendig. Auch kann der für den Serienmotor ausgelegte Raumnocken (der die Gemischzusammensetzung bestimmt) für getunte Motoren nicht beibehalten werden.

Die Werks-Rennmotoren leisteten mit Kugelfischer-Einspritzung über 200 PS.

Luftfilter und Einlauftrichter

Bei höheren Leistungen ist es empfehlenswert, den serienmäßigen Luftfilter gegen eine Sportfilteranlage auszutauschen. Der BMW-Sportfilter bietet der einströmenden Luft wenig Widerstand bei guter Filterwirkung. Das Ansauggeräusch ist lauter, der Leistungsgewinn bei hohen Drehzahlen meßbar.

Einlauftrichter sind für alle Vergasertypen erhältlich und sollten ohne Luftfilter nur bei Rennmotoren benutzt werden. Allerdings ist auch die Verwendung von Einlauftrichtern zusammen mit dem Sportfilter oder dem TI-Filter möglich. Der Leistungsgewinn durch Einlauftrichter — in Verbindung mit geänderter Vergasereinstellung — liegt bei etwa 5 PS bei hohen Drehzahlen.

Der Sportluftfilter (erhältlich bei ALPINA, Koepchen, Schnitzer) wird bei den Weber-Vergasern in Verbindung mit langen Ansaugtrompeten gefahren.

AUSPUFFANLAGEN

Bei jedem Motor mit hoher Literleistung spielt die Auspuffanlage eine wesentliche Rolle, da es wichtig ist, die verbrannten Abgase schnell genug aus den Zylindern zu fördern, um Platz für das einströmende Frischgas zu schaffen. Dies kann um so schneller geschehen, je geringer der Gegendruck in der Auspuffanlage ist. Der Gegendruck wird durch den Innendurchmesser (Querschnitt) der Auspuffrohre, die Führung der Anlage (man sagt, zwei scharfe Knicke entsprechen dem Widerstand eines Schalldämpfers), der Länge der Anlage und den Schalldämpfern selbst und ihrer Anzahl bestimmt.

Mit der wichtigste Teil der Auspuffanlage ist die Gasführung direkt nach dem Auslaß am Zylinderkopf. Man bezeichnet diesen Teil als Krümmer, Sammler oder Sammelrohr, da hier die Gasströme der einzelnen Zylinder zusammengefaßt werden. Günstig ist hier eine getrennte Abgasführung (bei Vierzylindern: Vierfachkrümmer) mit abgestimmten Rohrlängen, was aus fertigungstechnischen Gründen in der Serie meist nicht möglich ist.

Das nach dem Krümmer bei guten Anlagen folgende Doppelrohr (auch Hosenrohr genannt) ist

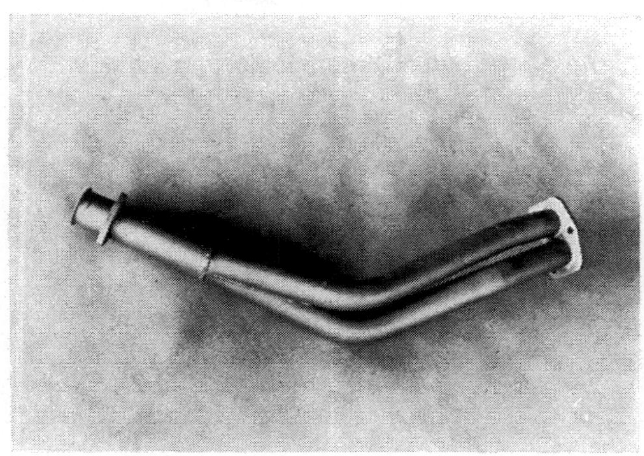

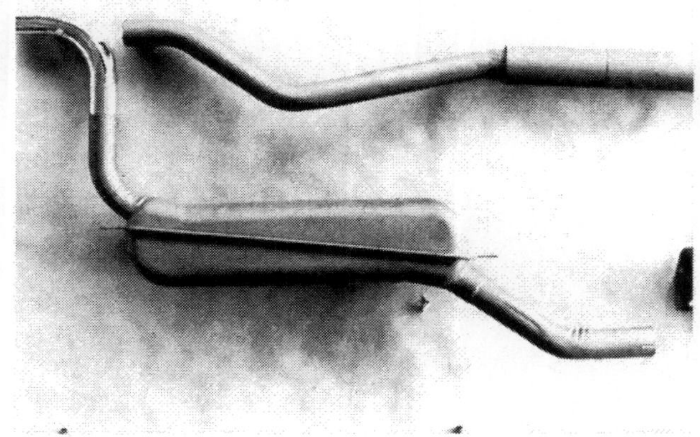

Eine Spzialauspuffanlage mit geändertem Hosenrohr (oben) und Absorptions-Nachschalldämpfer liefert die Firma ALPINA. Als Rallye-Auspuffanlage ist von ALPINA eine ähnliche Ausführung erhältlich, die aus Hosenrohr, großem Vorschalldämpfer und Absorptions-Nachschalldämpfer besteht.

ebenfalls für den Leistungsverlauf wichtig. Im weiteren Verlauf sind für den Straßenverkehr Schalldämpfer nicht zu umgehen, und zwar benutzt man in der Regel einen Vorschalldämpfer und einen Nachschalldämpfer. Man kann jedoch Schalldämpfer größerer Dimensionierung oder widerstandsärmerer Konstruktion (Absorptions-Schalldämpfer) benutzen, die bei nahezu gleicher Dämpfung einen besseren Durchsatz gewährleisten.

Für Rennmotoren kommt nur eine Anlage mit Fächerkrümmer und kurzem, abgestimmten Rennrohr in Frage (hier die Anlage von ALPINA).

Bei den BMW-Vierzylindermotoren besteht die Auspuffanlage aus vier Teilen: Auspuffkrümmer, Hosenrohr, Vorschalldämpfer (als Absorptionsschalldämpfer ausgebildet), Endschalldämpfer.
Im Auspuffkrümmer werden die Gasströme der Zylinder 1 und 4 bzw. 2 und 3 zusammengefaßt, im Hosenrohr werden wiederum diese beiden Gasströme – nach einer bestimmten Länge – vereinigt. Diese Auspuffanlage ist bereits recht gut auf die Hochleistungscharakteristik des BMW-Motors ausgelegt. Normalerweise genügt darum das Auswechseln des Endschalldämpfers gegen einen widerstandsärmeren Absorptionsschalldämpfer, um gute Ergebnisse zu erzielen.

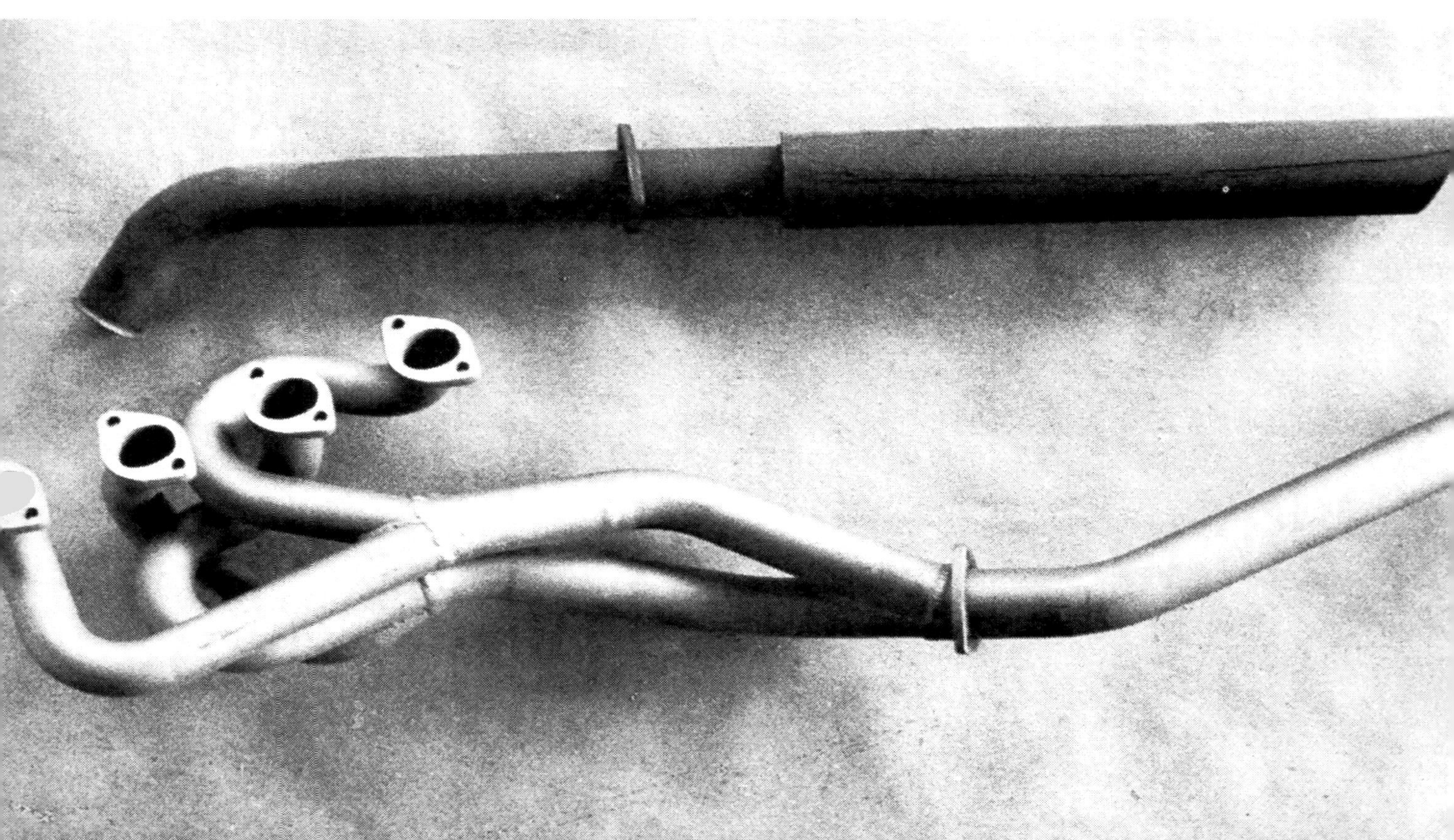

Bei weitergehenden Leistungssteigerungen — in Verbindung mit anderen Nockenwellen — sollte auch eine Änderung des Hosenrohrs vorgenommen werden.
Für Hochleistungsmotoren, die im normalen Straßenverkehr noch gefahren werden, hat die Firma BMW-Alpina eine komplette Auspuffanlage entwickelt, die bei sehr gutem Schalldämpfungswert einen spürbaren Leistungszuwachs bringt. Die Anlage ist als Baukastensystem ausgebildet, ihre Teile können auch einzeln verwendet werden. Folgende Kombinationsmöglichkeiten bestehen:

1. Serienmäßige Anlage mit Absorptionsendschalldämpfer. Bei kleinen Leistungssteigerungen ausreichend.
2. Serienanlage kombiniert mit Spezialhosenrohr und Absorptionsendschalldämpfer. Leistungsgewinn je nach Tuningstufe und Motorgröße 4 bis 6 PS.
3. Komplette Anlage, nur der Serienkrümmer wird weiterbenutzt. Bestehend aus Spezialhosenrohr, größerem Vorschalldämpfer (Mittelrohr), größerem Endschalldämpfer. Leistungsplus je nach Motor ca. 7 bis 10 PS.

Im Renneinsatz kann auf jegliche Schalldämpfung verzichtet werden. Eine sehr leistungsfähige Rennauspuffanlage ist ebenfalls bei BMW-Alpina erhältlich. Sie besteht aus einem Fächerauspuffkrümmer mit abgestimmten Rohrlängen und einem seitlich am Wagen austretenden, abgestimmten Endrohr.

DIE ZÜNDANLAGE

Fast alle Serienautomobile werden heute mit der sogenannten Batterie-Hochspannungszündung ausgerüstet, die sich nicht nur für den Normalbetrieb, sondern auch für getunte Motoren gut eignet. Die Hauptbestandteile einer solchen Zündanlage sind normalerweise Zündspule, Verteiler, Unterbrecher, Kondensator und Zündkerzen. Dazu kommen noch die Übertragungsteile wie Zündkerzenkabel, Kerzenstecker usw. An der Zündanlage gibt es praktisch – bis auf wenige Ausnahmen – nichts zu tunen. Doch müssen alle Teile in einwandfreiem funktionsfähigem Zustand sein und die Einstellung muß stimmen, um optimale Leistung des Motors zu gewährleisten.

Zündspule, Unterbrecher, Kondensator und Verteiler

In der Zündspule wird mit jedem Abheben des Unterbrechers eine hohe Spannung aufgebaut, die über den Verteiler an die Zündkerzen weitergeleitet wird und dort den zündenden Funken erzeugt. Damit dies ordnunggemäß geschieht, muß der Unterbrecher eine bestimmte Zeit geschlossen sein (Schließwinkel), was man durch Einstellen eines bestimmten Kontaktabstandes (0,4 mm) erreicht. Genauer geht es freilich mit einem Schließwinkelmeßgerät (Schließwinkel 64 Grad). Häufige Kontrollen des Kontaktabstandes (etwa alle 2000 km) und gelegentlicher Wechsel der ab-

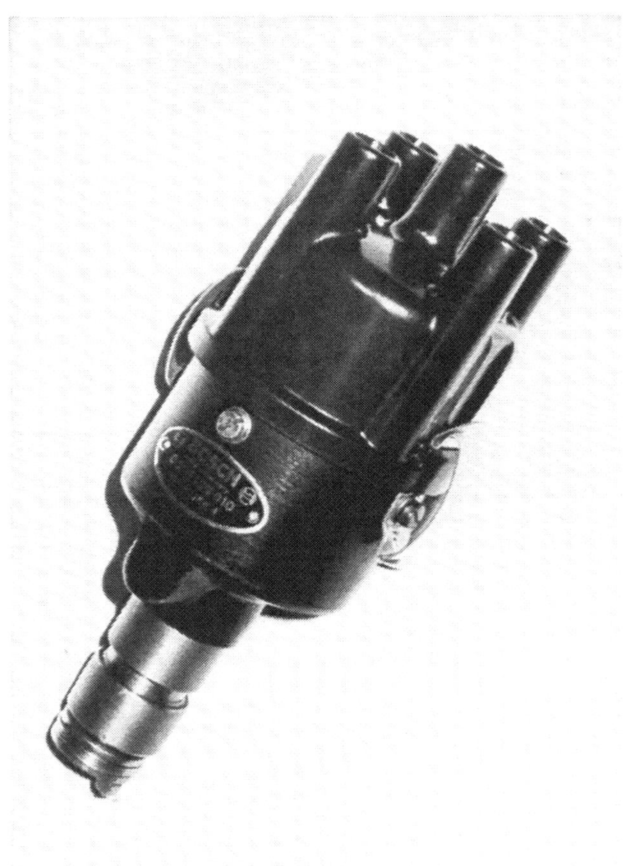

Beim Zündverteiler muß auf eine einwandfreie Funktion des Unterbrechers geachtet werden, da sonst bei hohen Drehzahlen Zündaussetzer durch Unterbrecherflattern eintreten können. Spezialkontakte mit härterer Feder sind bei der Firma Bosch erhältlich.

Transistor-Zündanlagen bringen auf dem Prüfstand keine meßbare Leistungssteigerung, doch bieten sie im allgemeinen einige Vorteile, die ihre Anschaffung unter Umständen lohnen. Diese kontaktgesteuerte Transistoranlage von Bosch besteht aus einer Spezial-Zündspule, einem Vorschaltwiderstand und dem Transistor-Schaltgerät. Ein besonderer Zündverteiler ist nicht notwendig.

genutzten Unterbrecherkontakte (alle 10000 km) garantieren einen sicheren Aufbau der Zündspannung und schließen Fehler von dieser Seite aus.

Der meist am Verteiler montierte Kondensator soll übermäßige Funkenbildung und damit verbundenen Verschleiß an den Unterbrecherkontakten vermindern. Starke Funkenbildung deutet also auf einen defekten Kondensator. Auch hier gilt das oben Gesagte.

Da die Zündspannung mit zunehmender Drehzahl geringer wird, was für die normale Batteriezündung charakteristisch ist, sind unter Umständen Zündaussetzer bei sehr hohen Drehzahlen möglich. Diese kann man durch den Einbau einer Hochleistungszündspule vermeiden oder reduzieren, die über den gesamten Drehzahlbereich eine höhere Zündspannung liefert, aber auch eine höhere Belastung der Unterbrecherkontakte verursacht. Hochspannungszündspulen liefert die Firma Bosch unter der Nummer 022 110 2003 (für 12 Volt).

Der Verteiler tut nichts anderes, als die von der Zündspule kommende Hochspannung an die einzelnen Kerzen weiterzugeben. Damit er dies richtig macht, sollte die Verteilerkappe gut festsitzen, und der Verteilerfinger muß in Ordnung sein. BMW-Rennmotoren, die Drehzahlen von ca. 8000 U/min und darüber erreichen, sollten mit exakt geprüften Verteilern betrieben werden, die außerdem mit einer härteren Unterbrecherfeder ausgerüstet werden (Bosch).

Der Zündzeitpunkt

Die Lage des Zündzeitpunktes wird in der Regel auf den oberen Totpunkt (OT) von Zylinder 1 in Grad Kurbelwinkel bezogen. Je nachdem, ob er sich vor oder nach dem OT befindet, spricht man von Vorzündung oder Nachzündung (auch Früh- und Spätzündung).

Schnellaufende Verbrennungsmotoren werden immer mit einer gewissen Vorzündung betrieben, die im Betrieb drehzahl- und lastabhängig durch die automatische Zündzeitpunktverstellung geregelt wird. Dies geschieht durch federbelastete Fliehgewichte im Verteiler und durch Unterdruckregler.

Die bei stehendem Motor gemessene (statische) Anfangsvorzündung ist jedoch einstellbar, denn die Lage des Zündzeitpunktes kann die Motorleistung wesentlich beeinflussen. Grundsätzlich ist der optimale Zündzeitpunkt bei jedem Motorentyp verschieden, er kann sich auch durch nachträgliche Tuningarbeiten ändern. Bei der Festlegung des neuen Zündzeitpunktes bei getunten Motoren, der in der Regel nur wenig vom serienmäßigen abweicht, sind Fahrversuche oder Prüfstandversuche notwendig. Die maximale Frühzündung wird meist durch das Klingeln des Motors (Selbstzündung des Gemischs) bestimmt. Fängt also ein Motor beim Beschleunigen aus niederen Drehzahlen zu klingeln an, muß der Zündzeitpunkt schrittweise zurückgenommen werden. Den engültig gefundenen Wert des »neuen« Zündzeitpunktes sollte man auf der Riemenscheibe markieren. Bei getunten (und serienmäßigen) BMW-Motoren liegt der richtige Zündzeitpunkt etwa 2 bis 3 Grad vor oT. Die Einstellung bei warmem Motor vornehmen!

Zündkerzen

Die Zündkerzen haben für jeden Motor einen bestimmten Wärmewert, der auf den Kerzenträgern eingeprägt ist. Da getunte Motoren meist eine höhere Brenntemperatur erreichen, sind in der Regel Zündkerzen mit höherem Wärmewert als die serienmäßigen notwendig. Zündkerzen mit zu hohem Wärmewert neigen jedoch bei niederen Drehzahlen zum Verrußen, zu niedriger Wärmewert verursacht Elektrodenabbrand und Schmelzperlen. Nach diesen Symptomen läßt sich der richtige Wärmewert ungefähr bestimmen.

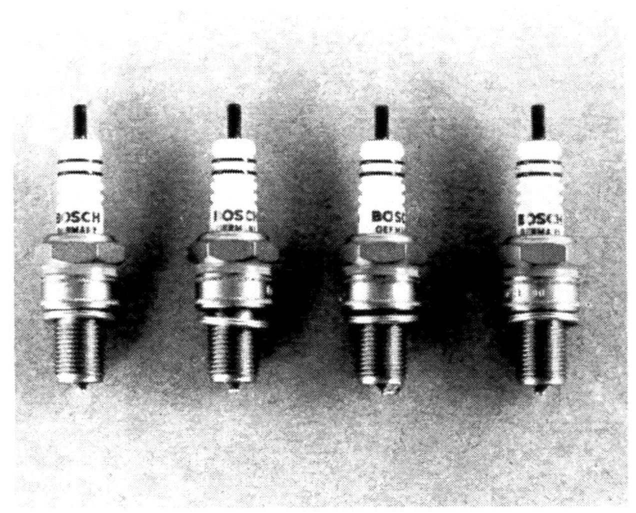

Bei getunten Hochleistungs-BMW-Motoren ab ca. 80 PS/Liter empfiehlt sich die Verwendung von Zündkerzen mit Platin-Elektroden.

Zündkerzen mit erweitertem Wärmewertbereich (z. B. 200 bis 250), die mit Platin- oder Silberelektroden arbeiten, erleichtern die Suche, sind jedoch auch teurer. Auch die Zündkerzen sind, wie die Unterbrecherkontakte, Verschleißgegenstände und sollten regelmäßig ausgewechselt werden (etwa alle 15 000 km, Platinkerzen alle 40 000 km). Zwischen diesen Erneuerungsintervallen sind die

Zündkerzen auf ihren vorgeschriebenen Elektrodenabstand (meist 0,7 mm) zu prüfen und notfalls nachzustellen.

BMW-Motoren kommen im allgemeinen mit einem Wärmewert von 225 aus. Bei scharfer Fahrweise und im Sommer soll der Wärmewert 240 vorgezogen werden. Dieser Wärmewert ist auch für getunte Motoren ausreichend. Im Winter und bei vorwiegendem Kurzstreckenbetrieb können Zündkerzen mit vorgezogener Elektrode (Bosch W 200 T30, Bosch W230T30, Beru 200/14/3 A, Beru 230/14/3 A) benutzt werden, die das Anspringen erleichtern und Verrußen vermeiden. Vollastbetrieb ist mit solchen Kerzen zu vermeiden.

Universell für Sommer, Winter und jegliche Fahrweise ist die Platinkerze Bosch W 235 P 21 geeignet, die wir im Zweifelsfall empfehlen möchten. Für Renn- und Wettbewerbsmotoren mit sehr hoher Beanspruchung kommen Platinkerzen Bosch W 250 P 21 in Frage.

Spezialzündanlagen

Transistor- und Kondensator-Zündanlagen werden in zunehmendem Maß für den nachträglichen Einbau angeboten. Beide Anlagen haben einen günstigeren Zündspannungsverlauf und entlasten die Unterbrecherkontakte. Leistungsvorteile konn-

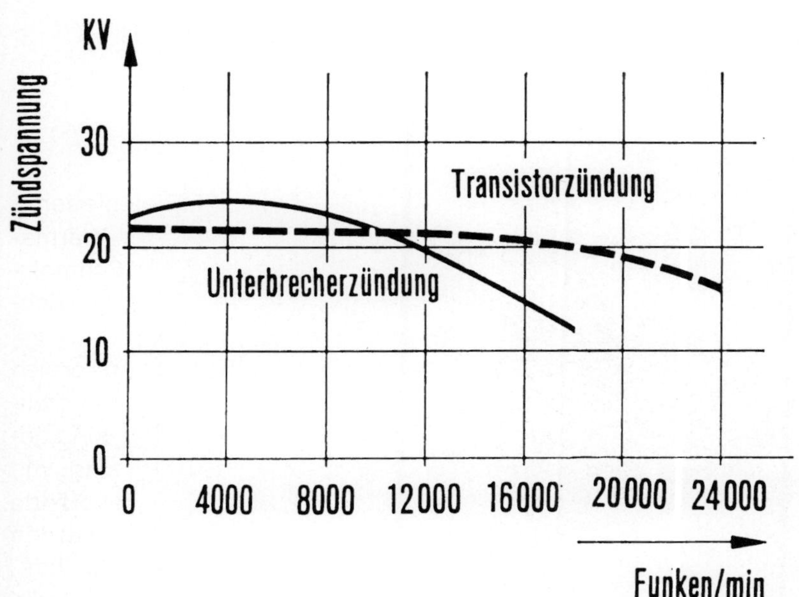

Aus diesem Diagramm geht der charakteristische Zündspannungsverlauf einer normalen Spulenzündung und einer kontaktgesteuerten Transistorzündung hervor. Es fällt auf, daß die Zündspannung bei der normalen Spulenzündung im oberen Drehzahlbereich absinkt, was eventuell zu Zündaussetzern führen könnte. Normale und auch getunte BMW-Motoren werden jedoch selten in einem so hohen Drehzahlbereich gefahren (über 7CC0 U/min, entsprechend 14000 Funken/Min.), wo der Zündspannungsabfall bereits kritisch werden könnte. Nur Rennmotoren stoßen in kritische Bereiche vor, da unter Umständen Drehzahlen von über 8000 U/min realisiert werden.

ten jedoch bei den kontaktgesteuerten Anlagen nicht gemessen werden, sie bieten lediglich einen geringeren Wartungsaufwand, da die Unterbrecherkontakte nicht so häufig nachgestellt werden müssen. Auch ist die Zündspannung beim Anlassen des Motors höher, so daß hiermit Anlaßschwierigkeiten behoben werden können. Ihr Einbau ist nicht unbedingt nötig, wenn die serienmäßige Zündanlage in Ordnung gehalten wird und wenn der Motor keine übermäßig hohen Drehzahlen erreicht. Erst ab 8000 U/min beginnt es hier (für Vierzylindermotoren) interessant zu werden.

Da die serienmäßige Zündanlage bei BMW-Rennmotoren, deren Spitzendrehzahl zum Teil über 8000 U/min liegt, bereits an der Grenze ihrer Leistungsfähigkeit arbeitet, hat man eine spezielle, kontaktlose Transistoranlage entwickelt. Diese Zündanlage, ursprünglich von Bosch für den BMW Formel 2 vorgesehen, wird nun auch in den Tourenwagenmotoren verwendet. Es handelt sich dabei um eine magnetisch vom Schwungrad gesteuerte kontaktlose Transistor-Zündanlage, die eine besonders exakte Einhaltung des Zündzeitpunktes und hohe Zündspannungsreserven besitzt. Eine variable, mit der Drehzahl ansteigende Zündzeitpunktverstellung fehlt allerdings, so daß der Motor ab einer bestimmten Drehzahl mit konstanter Vorzündung läuft und nur zum Anlassen auf eine geringere Vorzündung umgestellt wird. Diese Zündanlage wurde allerdings nur in wenigen Exemplaren von Bosch für BMW gebaut und ist im Handel nicht erhältlich.

Die Einzelteile einer kontaktlosen Transistoranlage von Bosch sind auf diesem Foto festgehalten. Zur Ansteuerung des Magnetgebers ist ein auf dem Schwungrad oder an der Riemenscheibe montiertes Metallteil notwendig.

ZYLINDERKOPF

Kopfarbeit könnte man mit gutem Recht die Bearbeitung des Zylinderkopfes nennen, denn von ihr ist es in hohem Maße abhängig, wie gut ein Motor geht. Die leistungssteigernden Maßnahmen, die man am Zylinderkopf vornehmen kann, sind sehr zahlreich. Die Gaskanäle werden zwecks besserer Füllung erweitert und geglättet, die Brennräume — sofern möglich — umgestaltet, das Verdichtungsverhältnis erhöht, die Ventile bzw. Ventilsitze erfahren eine Feinbearbeitung, die Saugrohr- und Auspuffflansche werden an den Zylinderkopf angepaßt u. a. m.

Am Zylinderkopf beginnt die Tuningarbeit im eigentlichen Sinne, ohne die andere Maßnahmen weitgehend sinnlos wären, außerdem ist der Leistungsgewinn bei einer guten Zylinderkopfbearbeitung oft beträchtlich. Da die Bearbeitung je-

Einen »glänzenden« Einblick bieten die Einlaßkanäle dieses bearbeiteten BMW-Zylinderkopfes. Die Größe des Einlaßflansches wurde vor der Bearbeitung genau angerissen.

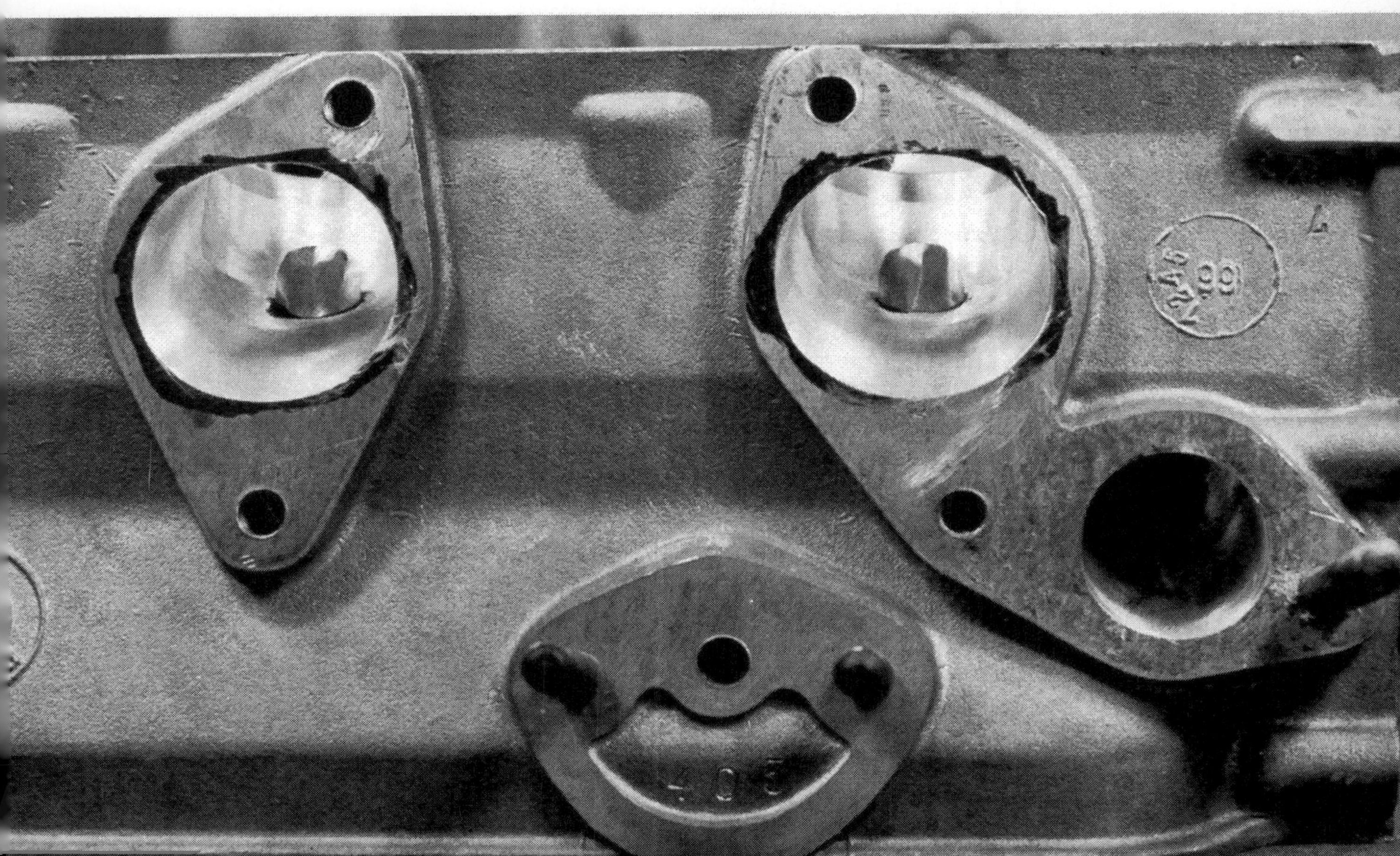

doch meist mit erheblichem Arbeitsaufwand verbunden ist, ist es günstiger, fertig bearbeitete Zylinderköpfe zu kaufen, sofern sie lieferbar sind. Der Austausch des »Spezialzylinderkopfes« gegen den serienmäßigen ist in der Regel relativ einfach.

Kanäle bearbeiten

Die Einlaß- und Auslaßkanäle werden wegen des größeren Durchsatzes erweitert, nach Möglichkeit begradigt und geglättet. Zu diesen Arbeiten benötigt man als wichtigstes Werkzeug eine biegsame Welle mit Antrieb und die entsprechenden Fräs- und Schleifeinsätze.
Naturgemäß kommt den Einlaßkanälen die größere Bedeutung zu, da sie die Füllung stärker beeinflussen als der Auslaß. Auf der Ventilseite sind die Einlaßkanäle der maximalen Weite des Ventilsitzes anzugleichen. Übergänge und störende Kanten sind zu beseitigen oder zu glätten.
Bei BMW-Motoren ist zu beachten, daß sich nur die Kanäle des 1600er-Motors (um etwa 2 mm) erweitern lassen, beim Zweilitermotor genügt es, die Kanäle zu glätten.
Der Saugrohrflansch sollte bei montierten Saugrohren zusammen mit dem Zylinderkopfeinlaß verschliffen werden, um störende Kanten oder Stöße zu vermeiden. Natürlich muß auch die Saugrohrdichtung die entsprechende Weite aufweisen. Die Saugrohre selbst werden nur im Bedarfsfall, etwa bei Verwendung der 45er Vergaser (nur in Verbindung mit dem Zweiliter-Saugrohr) innen erweitert, sonst nur geglättet. Eine riefenfreie Feinbearbeitung des gesamten Einlaßtraktes ist anzustreben, doch kann auf eine ausgesprochene Politur verzichtet werden. Die Ventilführungen selbst bleiben beim BMW-Motor in ihrer vollen Länge erhalten, doch ist es zweckmäßig, sie zum Zwecke der Bearbeitung zu entfernen. Die Auslaßkanäle werden sinngemäß wie die Einlaßkanäle bearbeitet, doch kann man hier auf eine riefenfreie Feinbearbeitung verzichten. Auch hier ist darauf zu achten, daß am Flanschanschluß zum Krümmer keine Kanten stehen bleiben.

Ventile und Ventilsitze

Die Ventil- und Ventilsitzbearbeitung gilt grundsätzlich für alle Ventilgrößen. Es spielt also im Prinzip keine Rolle, ob nachträglich größere Ventile eingebaut wurden, was beim BMW-Motor ohne weiteres möglich ist. Auch bei dieser Maßnahme kommt es darauf an, dem durchströmenden Gas so wenig Widerstand wie möglich entgegenzusetzen, was man durch möglichst weite Querschnitte und durch die Feinbearbeitung der Ventile selbst erreicht. Die aus der Prinzipskizze ersichtlichen Arbeiten sind nur mit Spezialwerkzeugen möglich, wie sie Motorinstandsetzungsbetriebe, Spezialwerkstätten oder größere Vertretungen besitzen. Als minimale Ventilsitzbreiten kann man für die Einlaßseite ca. 1 bis 1,4 mm ansetzen, für die Auslaßseite sind mindestens 1,7 bis 2 mm nötig. Der eigentliche Ventilsitz ist bei beiden Ventilen so weit wie möglich nach außen zu verlegen, so daß sein Außendurchmesser dem Ventildurchmesser entspricht. Dies erreicht man

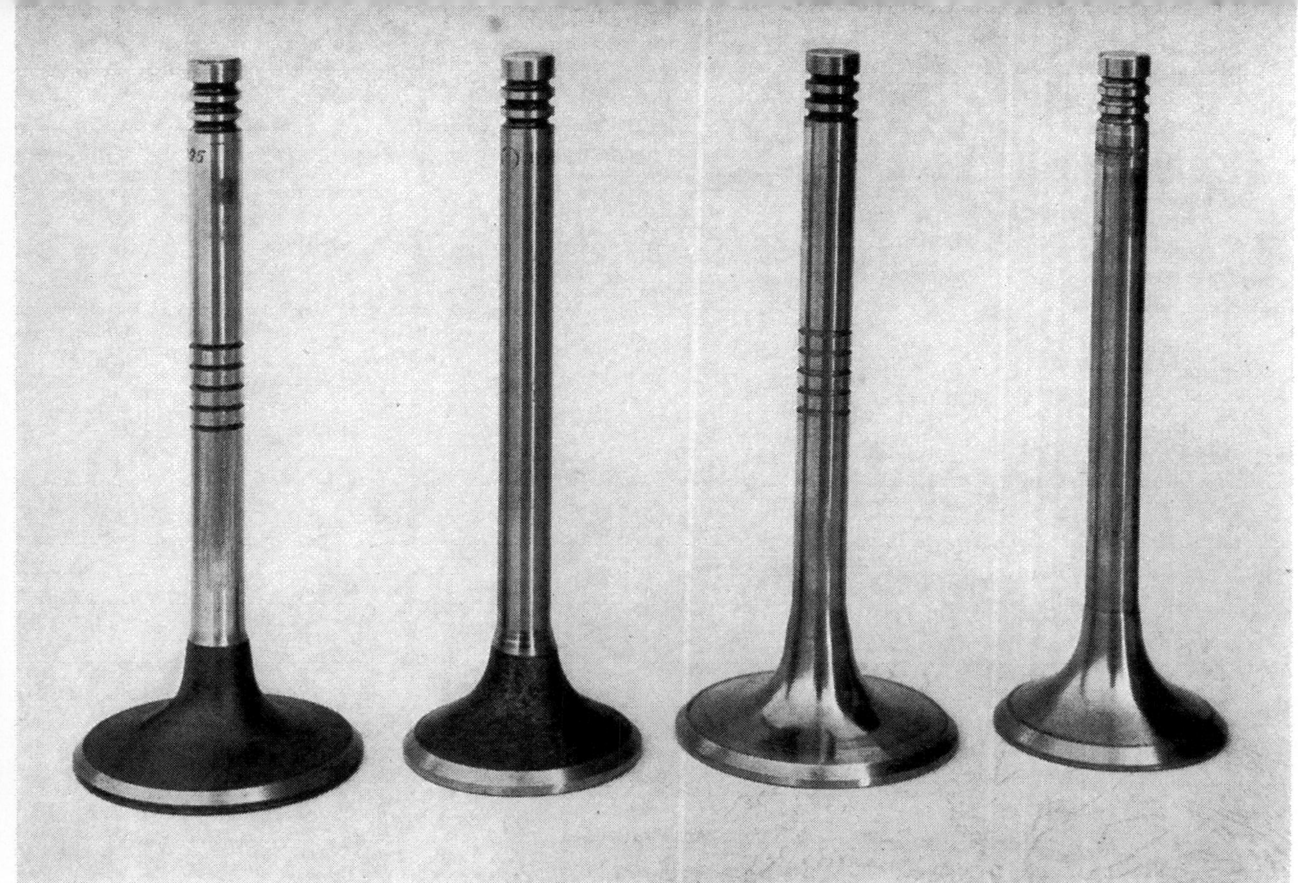

BMW-Ventile vor (links) und nach der Bearbeitung.

durch eine Erweiterung des Ventilsitzes bzw. Sitzringes mit Spezialfräsern. Eine Feinbearbeitung (polieren) der Einlaßventile ist vorteilhaft, während man bei den Auslaßventilen darauf verzichten kann. Unter Beibehaltung der serienmäßigen Ventilsitze können größere Ventile eingebaut werden. Mit Hilfe von Formfräsern müssen die Ventilsitze an die neuen Ventilgrößen angepaßt werden.

Ventilgröße	Serie	Möglich
1600 ccm	E: 42 mm/A: 38 mm	E: 44 mm/A: 38 mm
2000 ccm	E: 44 mm/A: 38 mm	E: 46 mm/A: 39 mm

Aus diesen Prinzipskizzen geht die unterschiedliche Bearbeitung von Einlaß- und Auslaßventil hervor.

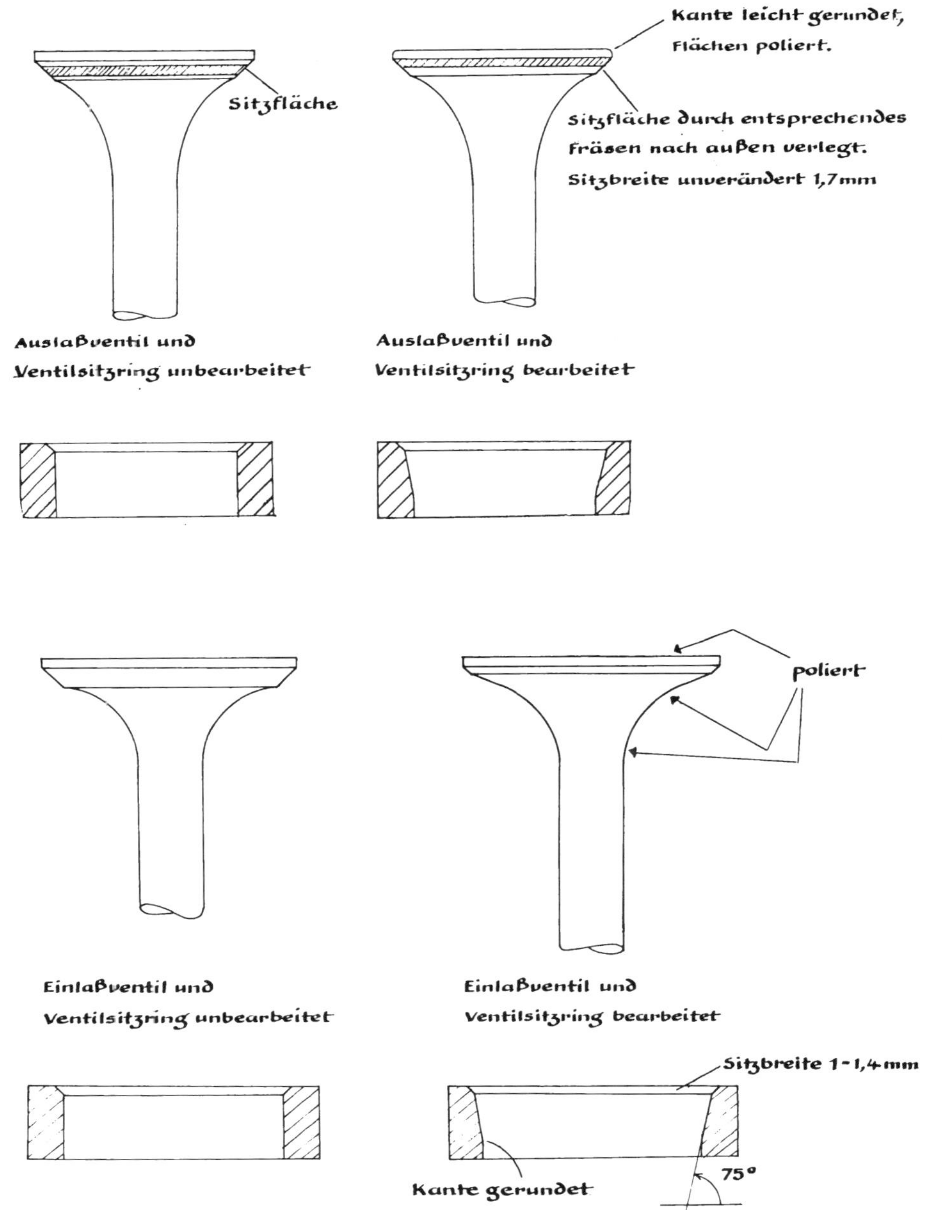

Verdichtungsverhältnis und Brennraum

Ein höheres Verdichtungsverhältnis bringt, wie wir bereits wissen, eine Leistungssteigerung durch den höheren Verbrennungsdruck und den günstigeren thermischen Wirkungsgrad. Andererseits kann diese Maßnahme einen Motor wesentlich stärker belasten, so daß eine deutliche Erhöhung des Verdichtungsverhältnisses einen einwandfreien Zustand des gesamten Triebwerks voraussetzt.

Maßgebend für die Höhe des Verdichtungsverhältnisses ist die Größe des Brennraumvolumens bei der Stellung des Kolbens im oberen Totpunkt (oT). Brennraum und Verdichtungsverhältnis stehen also in engem Zusammenhang, denn je kleiner das Brennraumvolumen ist, um so höher ist das Verdichtungsverhältnis. Diese Verkleinerung des Brennraumes kann man zum Teil durch höhere gewölbte Kolben erreichen, wobei jedoch die Brennräume völlig umgestaltet werden müssen.

Auf relativ einfache Weise läßt sich auch eine Verringerung des Brennraumvolumens durch Abdrehen oder Abfräsen der Zylinderkopfunterseite erzielen, doch sind die dadurch erzielbaren Verdichtungswerte beim BMW-Motor begrenzt, auch wird die Brennraumform (insbesondere beim 1600 TI) ungünstig.

Eine Nachbearbeitung der Brennräume ist bei hohen Verdichtungsverhältnissen in jedem Fall zu empfehlen, um für alle Zylinder gleiche Brennraumvolumen zu garantieren. Hierzu ist es notwendig, die Brennräume im Zylinderkopf mit Flüssigkeit auszulitern, um ihren Rauminhalt festzustellen. Sämtliche Brennräume sollten möglichst gleichmäßig bearbeitet werden. Eine abschließende Feinbearbeitung der Oberfläche kann nicht schaden.

Wie bereits erwähnt, ist eine Erhöhung des Verdichtungsverhältnisses unter Beibehaltung der Serienkolben beim 2002 nur begrenzt möglich, da der Zylinderkopf an seiner Unterseite nur bis zu ca. 1 mm abgefräst werden kann. Beim 2002 TI, der von Haus aus ein höheres Verdichtungsverhältnis durch andere Kolben hat, läßt sich auf diese Weise jedoch ein Wert von ca. 10:1 erreichen. Noch eleganter und ohne Abfräsen des Zylinderkopfes läßt sich dieses Verdichtungsverhältnis (10:1) durch den Einbau der Kolben des TII-Einspritzmotors realisieren, die ohne weiteres und ohne Änderung des serienmäßigen Brennraumes in die Motoren des 2002 und 2002 TI eingebaut werden können.

Beim 1,6 Liter-Motor ist das Abfräsen des Zylinderkopfes um ca. 1 mm nur in Verbindung mit den normalen Kolben zu empfehlen, mit den überhöhten TI-Kolben ergibt sich eine zu ungünstige Brennraumform.

Höher getunte Motoren oder Wettbewerbsmotoren erhalten prinzipiell andere Brennräume (meist halbkugelförmig) in Verbindung mit anderen Kolben. Die Grenzen des Verdichtungsverhältnisses liegen in diesem Fall bei etwa 11:1, bei Rennmotoren unter Umständen noch etwas höher.

Komplett bearbeitete Spezialzylinderköpfe, die in Verbindung mit den Serienkolben benutzt werden können, liefern die Firmen BMW-Alpina, Koep-

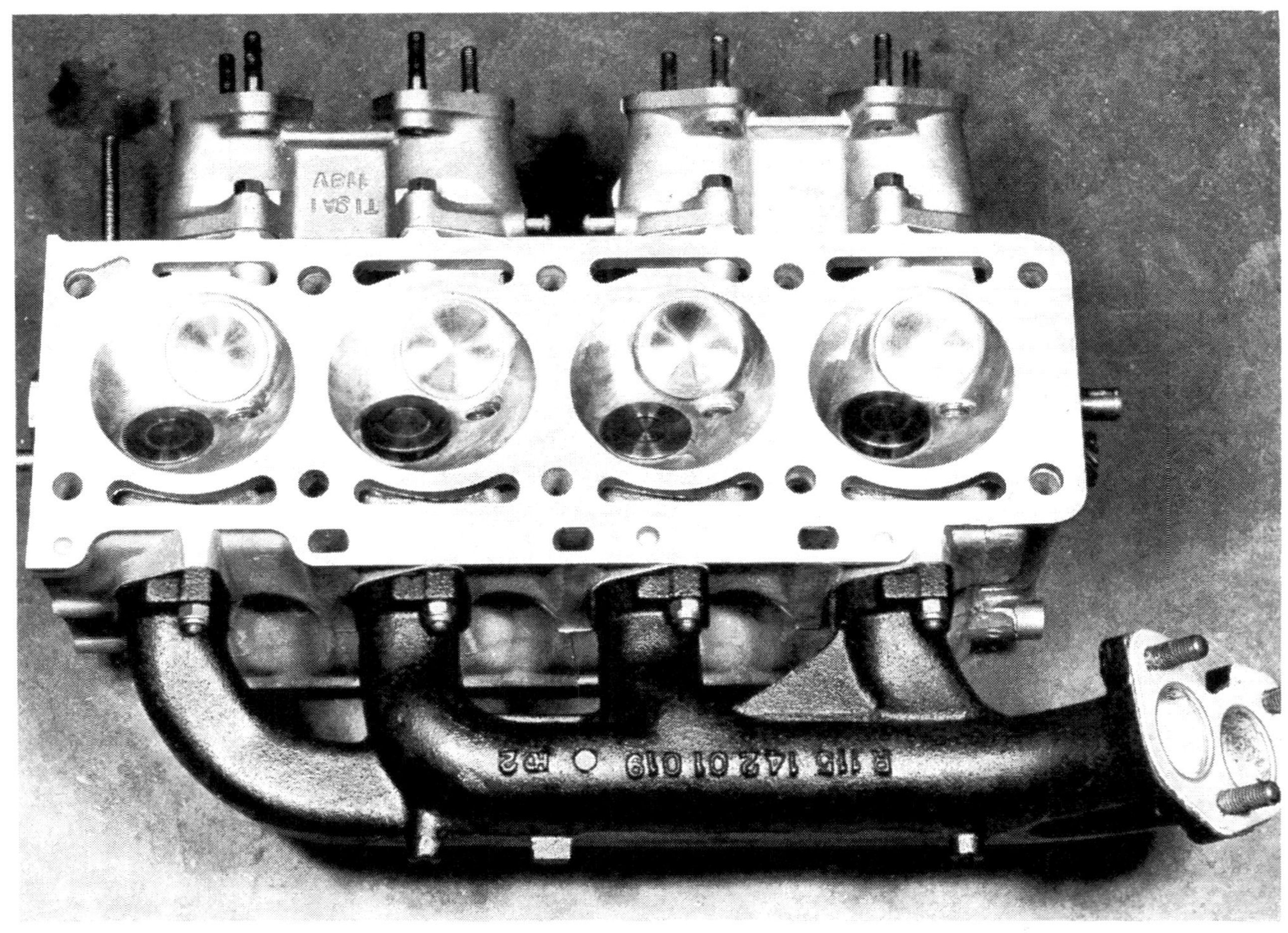

Vornehmlich bei Rennmotoren werden die serienmäßigen Wirbelwannen-Brennräume zu Halbkugel-Brennräumen umgearbeitet. Natürlich gehört zu diesem Brennraum auch eine andere Kolbenform.

Bild rechts: Der serienmäßige Brennraum kann durch Abfräsen der Zylinderkopfunterseite im Volumen verkleinert werden.

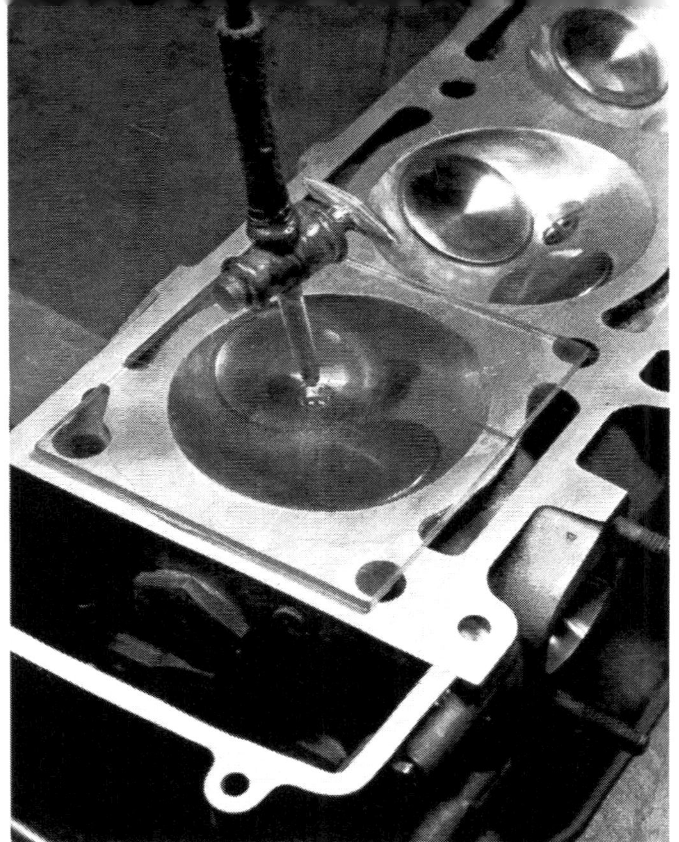

chen, Schnitzer und Zima. Diese Zylinderköpfe sind meist mit einer anderen Nockenwelle (300 Grad) ausgerüstet und besitzen härtere Ventilfedern, so daß auch von dieser Seite eine Leistungssteigerung zu erwarten ist.
Bei allen Motoren, deren Verdichtungsverhältnis über den Wert 9 : 1 angehoben wurde, ist der Einbau einer Zylinderkopfdichtung mit Stahlringeinlage notwendig, wie sie in den TI-Modellen serienmäßig zu finden ist.

Ein Auslitern der Brennräume ist bei jeder nachträglichen Verdichtungserhöhung unbedingt zu empfehlen, da erhebliche Differenzen auftreten können.

Ein geschmiedeter Rennkolben mit gewölbtem Kolbenboden und umlaufender Quetschkante, wie ihn BMW-ALPINA verwendet. Dieser Kolben erfordert eine genaue Anpassung der Zylinderkopf-Brennräume.

VENTILTRIEB UND NOCKENWELLE

Der Ventiltrieb und die Nockenwelle spielen bei allen Betrachtungen leistungssteigernder Maßnahmen eine tragende Rolle. Nicht nur, daß die maximal mögliche Motordrehzahl durch die Konstruktion und Ausführung des Ventiltriebes beschränkt wird, auch die Leistungscharakteristik und die Füllung eines Motors wird durch die Nokkenwelle als Steuerelement des Gaswechsels weitgehend bestimmt. Tuningmaßnahmen auf diesem Sektor zielen also dahin, den Ventiltrieb drehzahlfester zu machen und mit Hilfe einer anderen Nockenwelle eine Füllungsverbesserung bei hohen Drehzahlen zu erreichen.

Ventiltrieb drehzahlfester machen

Die Drehzahlfestigkeit des Ventiltriebes ist durch seine Bauart und die dadurch bedingten bewegten Massen und ihre Beschleunigungen (abhängig von der Nockenform und der Drehzahl) bestimmt. Je geringer die bewegten Massen eines Ventiltriebes und je kleiner ihre Beschleunigung ist, um so höher sind die erreichbaren Drehzahlen. In keinem Fall dürfen jedoch die durch die Bewegung der Ventiltriebsteile auftretenden Massenkräfte die zum Schließen der Ventile notwendige Federkraft übersteigen, da sonst ein einwandfreier Gaswechsel nicht mehr gewährleistet ist und durch das »Flattern« der Ventile ernsthafte Motorschäden entstehen können.
Aus diesen Überlegungen resultiert, daß Motoren mit obenliegenden Nockenwellen (ohc) vom Prinzip her höhere Drehzahlen erreichen können, als Motoren mit seitlich oder unten liegenden Nockenwellen (ohv), die größere Ventiltriebmassen (mehr Teile) zu bewegen haben.
Die einfachste Methode, um mit einem gegebenen Ventiltrieb höhere Drehzahlen zu erzielen, ist eine Erhöhung der Federkraft. Dies kann beim BMW-Motor durch härtere Ventilfedern geschehen. Bei der Montage progressiv gewickelter Federn ist streng darauf zu achten, daß die Feder mit dem enger gewickelten Teil nach unten eingebaut wird.
Eine Erleichterung der Ventiltriebsteile, wie Stößel, Kipphebel, Stößelstangen usw. trägt zur Verminderung der Massenkräfte bei, ebenso sollten sämtliche Teile möglichst leichtgängig sein, um die Reibungskräfte zu verringern.
Bei BMW-Motoren sind allerdings die Möglichkeiten hier sehr begrenzt. Stoßstangen und Stößel fehlen und die vorhandenen Kipphebel sind bereits serienmäßig aus Leichtmetall, so daß eine Bearbeitung nicht vorteilhaft erscheint. Die Maßnahmen am Ventiltrieb bleiben hier auf den Einbau anderer Ventilfedern und Nockenwellen beschränkt, was sehr viel Arbeit erspart.

Nockenwelle und Steuerzeiten

Wie schon erwähnt, ist die Form der Nocken für den Zeitpunkt, die Zeitdauer und die Art der Ventilerhebung (Öffnung) ausschlaggebend. Die Ven-

Der BMW-Ventiltrieb (hier in seine Einzelteile zerlegt) ist von Haus aus für höhere Drehzahlen ausgelegt. Für getunte Motoren kommt lediglich der Austausch der Nockenwelle und der Ventilfedern in Frage.

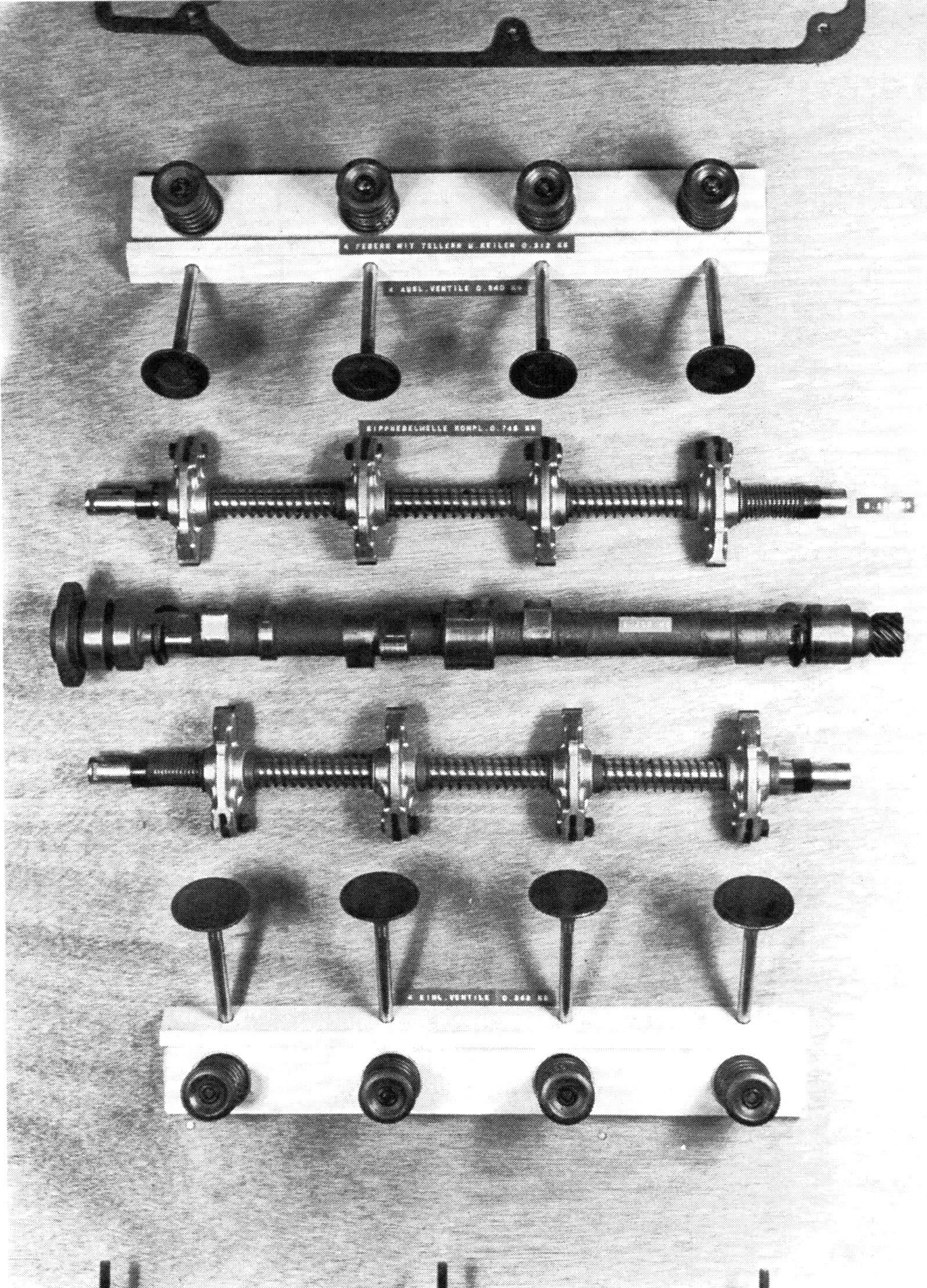

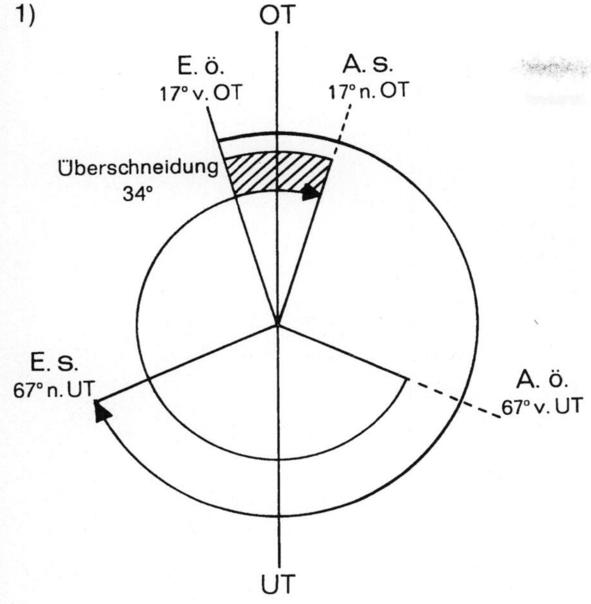

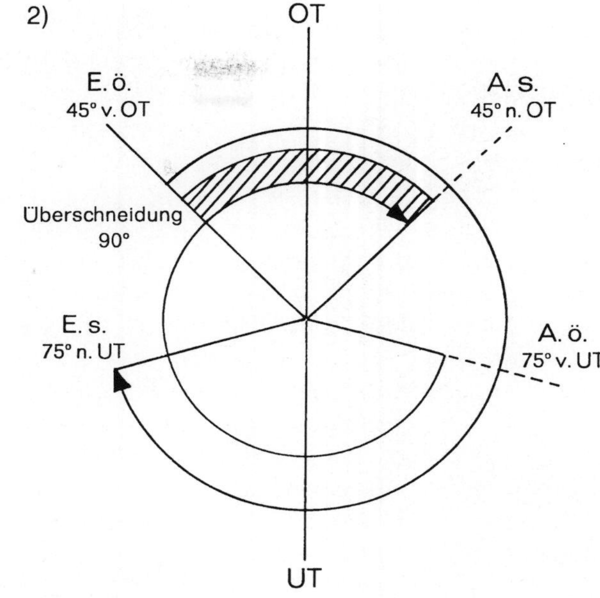

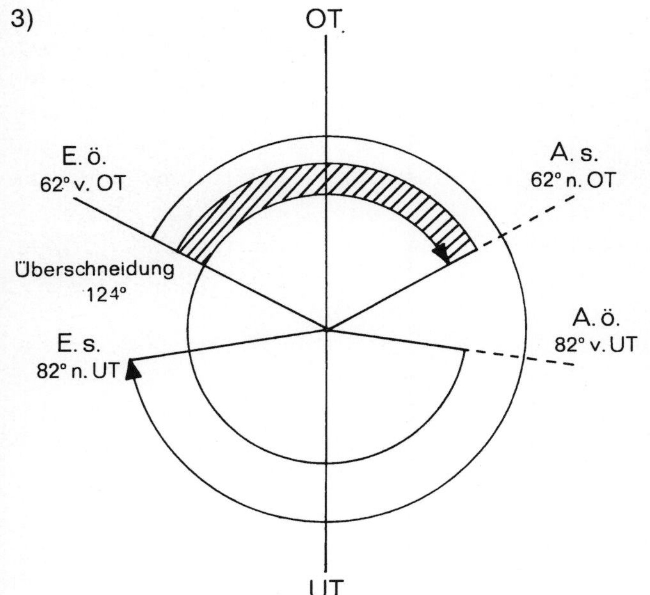

1) In diesem Diagramm sind die Öffnungswinkel der Einlaß- und Auslaßventile unter Zugrundelegung der serienmäßigen Nockenwelle eingezeichnet. Man kann sich so leichter vorstellen, wann welches Ventil öffnet bzw. schließt und wo Überschneidung vorliegt.

2) Das Steuerwinkel-Diagramm für die 300-Grad-Nockenwelle. Die Überschneidung beträgt hier 90 Grad, die Öffnungswinkel liegen bei 300 Grad.

3) Die als Renn-Nockenwelle bekannte 324-Grad-Nockenwelle hat eine sehr große Überschneidung von 124 Grad. Aus diesem Grund läuft der Motor in niederen Drehzahlbereichen nicht mehr sauber. Diese Nockenwelle ist für den Straßenbetrieb nicht zu empfehlen.

tilerhebung und die sich daraus ergebenden Öffnungsquerschnitte sind wiederum für die Füllung eines Motors und damit für die Leistung von großer Bedeutung. Das Ziel einer »schnellen« Nokkenwelle ist also immer, einen größeren Gasdurchsatz bzw. eine bessere Füllung bei höheren Drehzahlen zu erreichen und diese Drehzahlen gefahrlos zu ermöglichen. Den größeren Gasdurchsatz verwirklicht man durch längere Öffnungszeiten (Steuerzeiten) und auch durch größeren Ventilhub.

Mit den sogenannten Steuerzeiten sind Öffnungszeit und Öffnungsdauer der Einlaß- und Auslaßventile festgelegt. Sie werden prinzipiell in Grad Kurbelwinkel angegeben, da ja die Nockenwelle von der Kurbelwelle angetrieben wird und mit halber Kurbelwellendrehzahl läuft. Der Öffnungs- bzw. Schließzeitpunkt der Ventile liegt jeweils einige Winkelgrad vor bzw. nach den jeweiligen Totpunkten. Mit anderen Worten, das Einlaßventil öffnet bereits einige Grad vor dem oberen Totpunkt (OT), und schließt auch einige Grad nach dem unteren Totpunkt (UT), um die kinetische Energie der einströmenden Gase auszunutzen. Beim Auslaßventil ist es umgekehrt. Man öffnet es bereits mehrere Grad vor dem UT, weil dadurch kaum Leistung verlorengeht, um es beim eigentlichen Auspuffhub, wenn der Kolben nach oben geht, weit offen zu haben. Es schließt normalerweise wenige Grad nach Erreichen des OT, während das Einlaßventil schon begonnen hat, sich für den Saughub zu öffnen (s. auch Skizze).

Diesen Vorgang, bei dem das Einlaßventil schon vor dem Schließen des Auslaßventils öffnet, bezeichnet man als Überschneidung. Man mißt die Überschneidung ebenfalls in Grad Kurbelwinkel, wobei allen Steuerzeitangaben beim Vergleich einheitliches Ventilspiel zugrunde gelegt werden muß. Prinzipiell sind für große Öffnungsquerschnitte weite Öffnungswinkel (Steuerzeiten) und damit große Überschneidungen notwendig. Die größeren Öffnungswinkel ermöglichen auch höhere Drehzahlen, da für den ganzen Vorgang mehr Zeit zur Verfügung steht, was die Beschleunigungskräfte verringert.

Eine Bearbeitung bzw. Erleichterung der Leichtmetallkipphebel ist nicht zu empfehlen. Unter Umständen ist eine Politur der Oberfläche vorteilhaft.

Große Ventilüberschneidungen und Öffnungswinkel haben jedoch auch Nachteile. Sie verlagern die Motorleistung in hohe Drehzahlbereiche und verringern die Elastizität. Auch die Leerlaufquali-

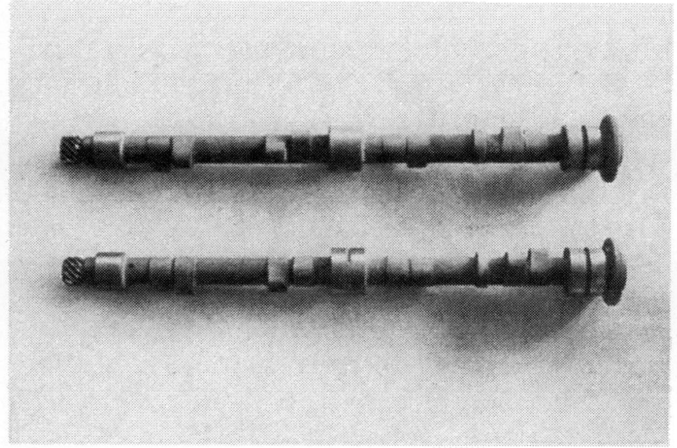

Spezial-Nockenwellen mit längeren Öffnungswinkeln und größerem Ventilhub sind bei ALPINA, Koepchen und Schnitzer oder direkt beim Werk zu beziehen.

Für eine Drehzahlsteigerung über 7000 U/min hinaus sind härtere Ventilfedern eine wichtige Voraussetzung. Bei den abgebildeten Federn handelt es sich um die progressiv gewickelten TISA-Federn, die in Verbindung mit der 324-Grad-Nockenwelle Drehzahlen bis ca. 8000 U/min zulassen. Außer diesen Federn sind bei ALPINA Hochleistungsfedern erhältlich, die Drehzahlreserven bis 9000 U/min garantieren.

täten werden schlechter, so daß die Alltagstauglichkeit zum Teil stark geschmälert wird. Aus diesem Grund sollte man zu sportliche Nockenwellen nur für Wettbewerbe benutzen, für den Alltagsbetrieb muß man auf Kosten der Spitzenleistung Kompromisse eingehen, so daß oft schon die Seriennockenwelle eine brauchbare Lösung darstellt.

Moderner BMW-Ventiltrieb

Der Ventiltrieb der BMW-Motoren ist modern und für hohe Drehzahlen geeignet. Eine obenliegende Nockenwelle betätigt über sehr leichte Leichtmetallkipphebel die V-förmig hängenden Ventile. Die Drehzahlgrenze des serienmäßigen Ventiltriebes liegt zwischen 6600 und 7000 U/min. Außer der Seriennockenwelle sind für weitergehende Leistungssteigerungen zwei verschiedene Nokkenwellen lieferbar, die zusammen mit härteren Ventilfedern eingebaut werden. Der Einbau in den Serienzylinderkopf ist nicht ohne weiteres möglich, da zwei Nockenwellenlager nachgearbeitet werden müssen.
Die Firma Bovensiepen (Alpina) bietet für den Selbsteinbau eine Nockenwelle an (entsprechend

der 300-Grad-Welle von BMW), bei der die Nokkenwellenlager Serienmaß haben, so daß der Zylinderkopf nicht nachgearbeitet werden muß.
Bei Verwendung der härteren Ventilfedern (Nr. 118 063 1101) ist ein korrektes Einbaumaß der Federn zwischen Federauflage und Federteller bei geschlossenem Ventil einzuhalten (40,5 mm). Dieses Einbaumaß muß nötigenfalls durch Nacharbeiten der Federauflage im Zylinderkopf korrigiert werden. Die für BMW-Vierzylindermotoren lieferbaren Nockenwellen haben folgende Kennwerte:

1. 264-Grad-Nockenwelle (Serie): Öffnungswinkel 264°, Ventilhub 8,6 mm.
   E. ö. 17° v. OT — E. s. 67° n. UT
   A. ö. 67° v. UT — A. s. 17° n. OT
   Überschneidung: 34°

Die Seriennockenwelle kann überall da beibehalten werden, wo größere Leistungssteigerungen nicht vorgesehen sind und auf hervorragende Laufkultur des Motors Wert gelegt wird (z. B. beim Einbau einer Doppelvergaseranlage oder bel Automatikgetrieben).

2. 300-Grad-Nockenwelle: Öffnungswinkel 300°, Ventilhub 10 mm.
   E. ö. 45° v. OT — E. s. 75° n. UT
   A. ö. 75° v. UT — A. s. 45° n. OT
   Überschneidung: 90°

Diese Nockenwelle weist größere Öffnungswinkel, eine höhere Überschneidung und einen größeren Ventilhub auf. Die Voraussetzungen für einen größeren Durchsatz bei hoher Drehzahl sind also gegeben. Da sie außerdem die Laufkultur der Motoren nicht allzusehr schmälert, ist ihre Verwendung überall dort angebracht, wo getunte Motoren noch im Alltagsverkehr gefahren werden. Die Drehzahlgrenze liegt bei Verwendung der härteren Federn zwischen 7200 und 7400 U/min, mit den Serienfedern bei 6600 bis 7000 U/min.

3. 324-Grad-Nockenwelle: Öffnungswinkel 324°, Ventilhub 11 mm.
   E. ö. 62° v. OT — E. s. 82° n. UT
   A. ö. 82° v. UT — A. s. 62° n. OT
   Überschneidung: 124°

Diese Nockenwelle ist nur für Wettbewerbsmotoren geeignet. Mit ihrer großen Überschneidung und den langen Öffnungszeiten ist bei niederen Drehzahlen keine befriedigende Motorcharakteristik zu erwarten. Der Leistungsbereich liegt zwischen 4500 und 7800 U/min. Die Höchstdrehzahl mit dieser Nockenwelle liegt je nach Motor zwischen 7600 und 8200 U/min. Es kommen dabei die gleichen Federn zum Einbau, wie bei der 300-Grad-Nockenwelle.

KURBELWELLE, SCHWUNGRAD UND KOLBEN

Die Bearbeitung der oben genannten Teile erfordert einen tiefgehenden Eingriff in das Innenleben des Motors. Diese Tuningarbeiten kommen darum nur für solche Motoren in Frage, die einer größeren Leistungssteigerung unterzogen werden sollen. Das Ziel aller Maßnahmen ist in allen Fällen eine Erleichterung der bewegten Teile des Motors (rotierende und oszillierende Massen) bzw. ihre Gewichtsangleichung, um höhere Drehzahlen mit geringeren Reibungsverlusten erreichen zu können. Gleichzeitig kann eine sinnvolle Bearbeitung bestimmter Teile eine Erhöhung der Betriebssicherheit bringen.

Massen erleichtern

Zu den oszillierenden (hin- und hergehenden) Massen zählen Kolben, Kolbenbolzen und ein Teil – ca. 25 bis 30 Prozent – des Pleuelgewichts. Eine Gewichtsreduzierung dieser Teile bedeutet also, daß man die bei hohen Drehzahlen so unbeliebten Massenkräfte verringert, was eine geringere Belastung des Triebwerks (Lager) und kleinere Reibverluste zur Folge hat. Bei dieser Gelegenheit sollten Kolben, Kolbenbolzen und Pleuel untereinander auf gleiches Gewicht gebracht werden, um unterschiedliche Lagerbelastungen zu vermeiden. Dabei richtet man sich zweckmäßigerweise nach den jeweils leichtesten Teilen und gleicht die übrigen im Gewicht an. Eine Feinbearbeitung (Polieren) der Pleueloberfläche kann hinsichtlich der Dauerfestigkeit Vorteile bringen. Oft genügt es, die Pleuel an der Oberfläche ihres T-Profils zu polieren, was vom Arbeitsaufwand her noch vertretbar ist. Auch ein getrenntes Auswiegen des rotierenden und oszillierenden Pleuelteils ist nicht unbedingt nötig, es genügt normalerweise, wenn die Pleuel auf gleiches Gesamtgewicht gebracht werden.

Eine Erleichterung der rotierenden Massen dient vor allen Dingen der Lebendigkeit des Motors, der dadurch wesentlich schneller auf hohe Drehzahlen kommt. Auch die effektive Beschleunigung des Wagens wird dadurch verbessert. Den größten Anteil der rotierenden Massen bilden Kurbelwelle, Schwungrad und Kupplung. Eine wesentliche Erleichterung der Kurbelwelle ist in der Regel nicht möglich und auch vom Arbeitsaufwand her nicht zu empfehlen. In bezug auf die Gewichtserleichterung ergiebiger sind hier Schwungrad und Kupplung.

Kurbelwelle und Pleuel

Der Kurbeltrieb der BMW-Motoren ist für hohe Leistung ausgelegt und erfordert normalerweise keinerlei Nacharbeiten. Selbst Auswuchten ist normalerweise nicht nötig, da die BMW-Kurbelwelle sehr sorgfältig im Werk gewuchtet wird. Auch bei höheren Leistungssteigerungen können die Serienlager beibehalten werden.

Für Wettbewerbsmotoren der oberen Leistungs-

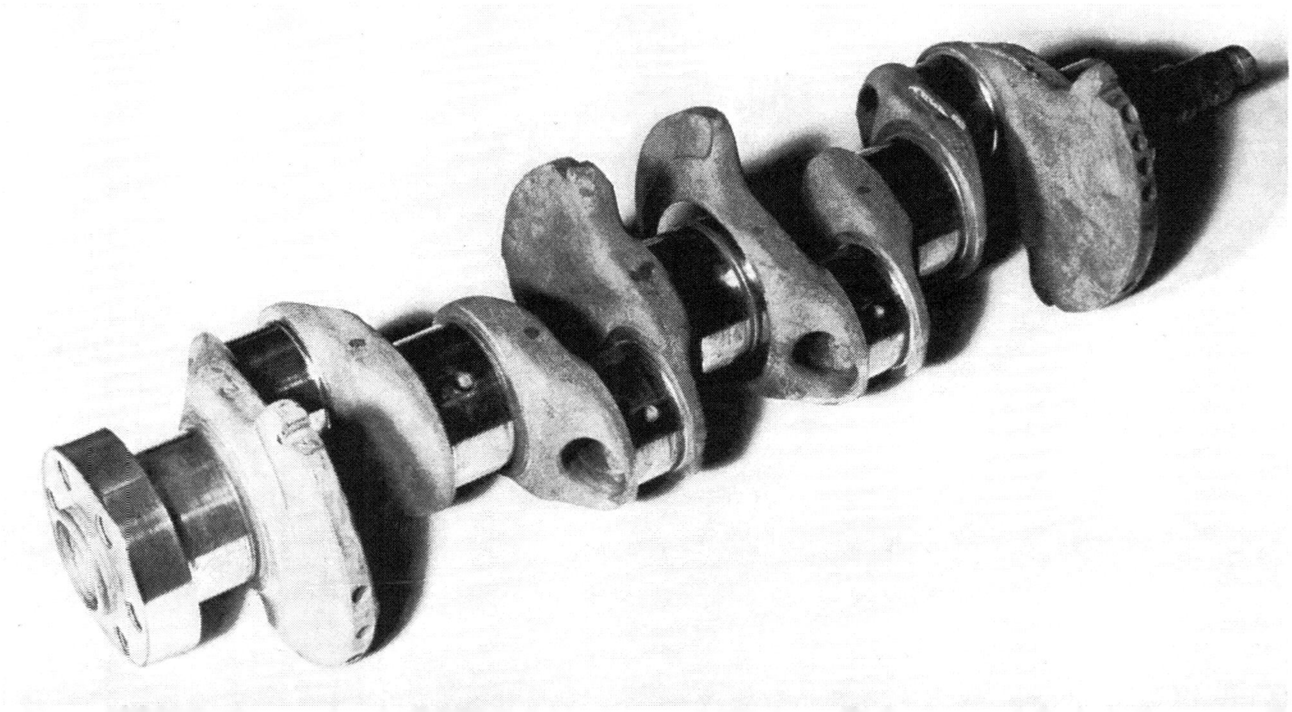

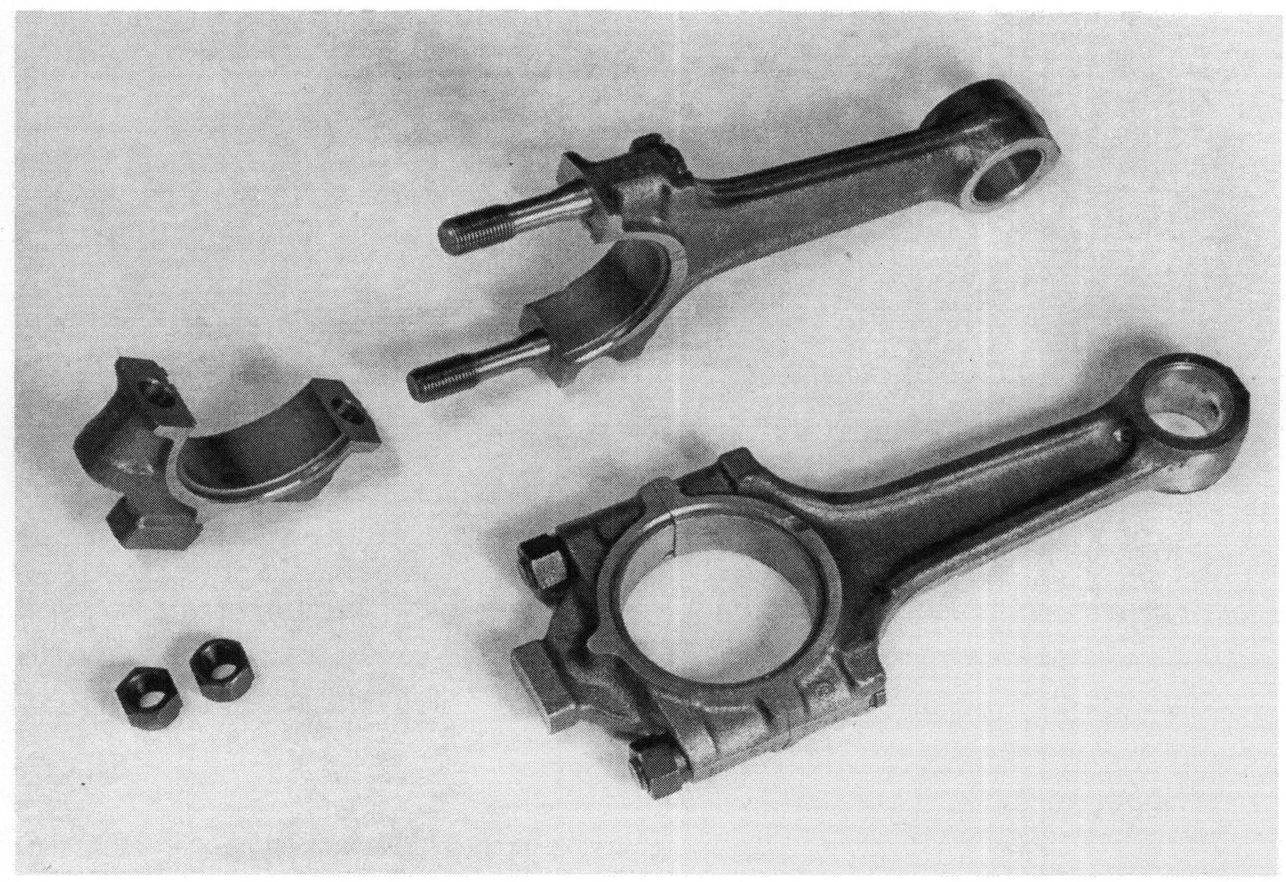

Links: Die fünffach gelagerte BMW-Kurbelwelle ist von Haus aus auf schwingungsarmen Lauf ausgelegt. Die Welle für den Zweiliter-Motor trägt zur Kompensierung der größeren Hubzapfen acht Ausgleichgewichte (oben), während die Welle für den 1,6 Liter-Motor mit nur vier Ausgleichgewichten auskommt (unten).

Das serienmäßige Pleuel kann auch bei leistungsgesteigerten Motoren beibehalten werden, wenn kein ausgesprochenes Spitzentuning vorliegt.

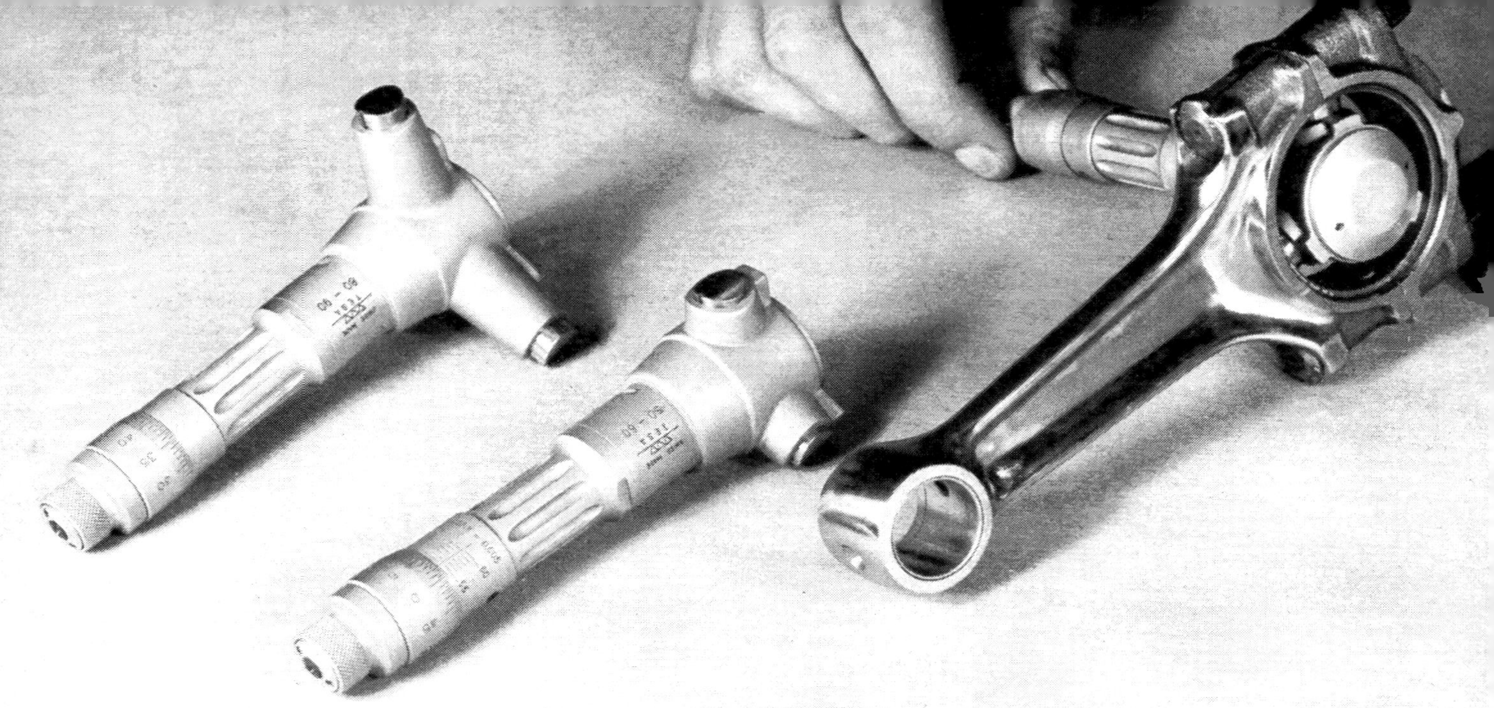

Getunte BMW-Motoren mit hohem Drehzahlniveau (wie Rennmotoren etc.) erfordern die Erleichterung und Oberflächenbearbeitung der Pleuel. Eine Vermessung der Lager vor dem Einbau ist empfehlenswert (ALPINA).

stufen empfiehlt sich eine Bearbeitung der Pleuel, die bis zu 10 Prozent erleichtert werden können. Eine Politur an den Stirnseiten der Pleuelschäfte und am oberen Pleuelauge ist zu empfehlen. Bei ausgesprochenen Rennmotoren wird die gesamte Pleueloberfläche poliert. Für diese Motoren verwendet die Firma Bovensiepen (Alpina) auch doppelt geriebene Pleuellagerschalen.

Kolben

Für Leistungssteigerungen in geringerem Maße sind die Serienkolben (z.B. in Verbindung mit einem Spezialzylinderkopf) voll ausreichend. Will man höhere Verdichtungsverhältnisse erreichen, so empfiehlt sich beim Zweiliter-Motor der Einbau der TII-Kolben (Einspritzmotor), die durch eine andere Gestaltung des Kolbenbodens unter Beibehaltung des Serienbrennraumes ein Verdichtungsverhältnis von ca. 10:1 ergeben. Verwendet man diese Kolben zusammen mit einem bereits abgefrästen Spezialzylinderkopf, so ist das Verdichtungsverhältnis durch Auslitern und der Abstand der Ventile vom Kolben (mindestens 1,5 mm) durch Einlegen von Plastilin zu kontrollieren.

Die Kolben der TI-Motoren unterscheiden sich von den normalen Flachbodenkolben des 1600/2002 durch einen in den Brennraum ragenden Aufsatz, der ein höheres Verdichtungsverhältnis bewirkt.

Für Wettbewerbsmotoren werden die Serienkolben durch geschmiedete Spezialausführungen mit gewölbtem Kolbenboden ersetzt. Dieser Umbau setzt allerdings die völlige Umgestaltung der Wirbelwannen-Brennräume zu abgeflachten Halbkugel-Brennräumen voraus. Schmiedekolben in verschiedenen Bohrungen liefert ALPINA.

Unter normalen Umständen kann die serienmäßige Kupplung inklusive Mitnehmerscheibe und Schwungrad unverändert auch für getunte Motoren beibehalten werden (oben). Für Wettbewerbsmotoren empfiehlt sich – schon wegen des geringeren Gewichts – der Einbau einer Spezialkupplung mit erleichterter Schwungscheibe. Die Wettbewerbskupplung von ALPINA wiegt nahezu 7 kp weniger als die Serienausführung (unten).

Wenn neue Kolben eingebaut werden, so empfiehlt es sich, diese auf gleiches Gewicht zu bringen.
Bei weitergehenden Leistungssteigerungen sind geschmiedete Spezialkolben erforderlich, die außerdem eine Umgestaltung der Brennräume notwendig machen. Solche Spezialkolben der Firma KS (Karl Schmidt) bietet BMW-Alpina an, die Firmen Schnitzer und Koepchen benutzen Schmiedekolben der Firma Mahle, die sich in der Form von den KS-Kolben nicht wesentlich unterscheiden. Der Einbau solcher Kolben und die Umgestaltung der Brennräume sollte nach Möglichkeit den jeweiligen Tuning-Firmen überlassen bleiben, um Pannen zu vermeiden. BMW-Alpina hat außerdem besonders leichte Rennkolben im Programm, die mit einem speziellen Kolbenbolzen (ebenfalls leichter) geliefert werden.

Schwungrad und Kupplung

Eine wesentliche Reduzierung der rotierenden Massen läßt sich durch eine Erleichterung des Schwungrades bzw. durch den Einbau einer leichteren Kupplung erreichen. So kann das Serienschwungrad ohne Probleme durch Abdrehen um 2 kp erleichtert werden. Für Wettbewerbsmotoren liefert die Firma Bovensiepen (Alpina) eine Leichtmetall-Rennkupplung in Verbindung mit einem extrem leichten Schwungrad. Das Gewicht dieser Einheit kann dadurch von 16 kp auf nur 9 kp für Schwungrad und Kupplung verringert werden.

KÜHLUNG UND SCHMIERUNG

Die BMW-Vierzylindermotoren sind thermisch gesund, so daß sie normalerweise auch bei höheren Leistungssteigerungen keiner besonderen Vorkehrungen hinsichtlich der Kühlung und der Schmierung bedürfen. Eventuell kann der Einbau des in der wärmeübertragenden Fläche größeren TI-Kühlers erwogen werden, falls zu hohe Temperaturen auftreten.

Bei Wettbewerbsmotoren steigt natürlich die thermische Belastung stark an. In diesem Fall ist eine zusätzliche Ölkühlung empfehlenswert, auch eine größere Ölwannenkapazität bringt Vorteile. BMW-Alpina bietet für Rennmotoren einen größeren Wasserkühler an, der eine eingebaute Wasserstandskontrolle besitzt. Dieser Kühler wird ohne Ventilator gefahren (Leistungszuwachs ca. 4 PS bei 7000 U/min) und ist nur in Verbindung mit einer geänderten Wasserpumpe verwendbar.

Die Verwendung eines Ölfilters wird für Rennmotoren empfohlen.

Weiterhin ist bei BMW-Alpina ein spezieller Druckölkühler erhältlich, der ein Zusammenfallen des Öldrucks durch einen unter Gasdruck stehenden Kolben verhindert. Der Druckölkühler bietet im Rennbetrieb besonders große Betriebssicherheit, da er das Ansaugen von Luft durch die Ölpumpe bei hohen Beschleunigungen vermeidet.

Eine auf 5 Liter Fassungsvermögen vergrößerte Ölwanne mit ventilgeregelten Schottblechen ist ebenfalls bei BMW-Alpina zu beziehen. Auch

Ein größerer Wasserkühler ist normalerweise nur bei Wettbewerbsmotoren vonnöten. Dieser Spezialkühler von ALPINA besitzt außer einem größeren Volumen noch zusätzlich eine Wasserstandskontrolle (oben rechts) und einen eingebauten Ölkühler (unten).

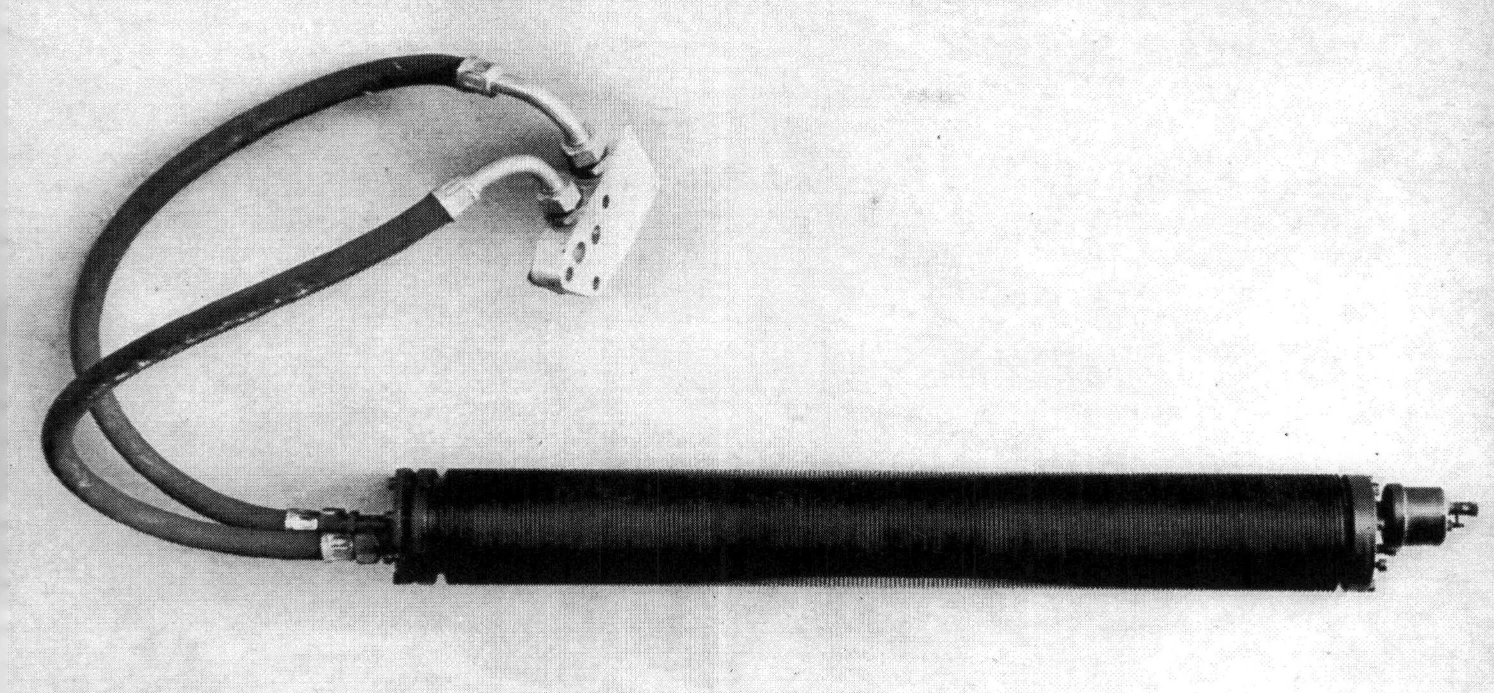

Dieser Druckölkühler, entwickelt von ALPINA, verhindert den bei schneller Kurvenfahrt durch Leersaugen der Ölpumpe auftretenden Öldruckabfall mit Hilfe eines Gaspolsters. Bei Geradeausfahrt trägt das gesamte Kühlervolumen (etwa 2 Liter) zur Kühlung bei.

diese ist normalerweise nur bei Wettbewerbsmotoren notwendig.

Hinsichtlich der Ölqualität braucht man sich bei BMW-Motoren keinen Zwang anzutun. Jedes gute Marken HD-Öl ist auch für getunte Motoren geeignet. Wer seinem Motor etwas besonders Gutes tun will, fährt Valvoline Racing Öl, das auch im Normalbetrieb ohne Nachteile verwendbar ist. Wettbewerbsmotoren sollten nur mit Rennöl gefahren werden, wobei mit Castrol R (speziell für BMW-Motoren) und Valvoline Racing sehr gute Erfahrungen gemacht wurden. Im Sommer sollte die Viskositätsklasse SAE 40 benutzt werden, in der Übergangszeit SAE 30 und im Winter SAE 20.

WAS HERAUSKOMMT

Bei jeder Tuningarbeit ist der Leistungsgewinn von der jeweiligen Bearbeitung und dem Zustand des betreffenden Motors abhängig. Da selbst innerhalb der Serienmotoren eine gewisse Leistungsstreuung auftritt, ist diese naturgemäß auch bei getunten Motoren nicht zu vermeiden, da hier die Unterschiede der Bearbeitung unter Umständen noch größer sind. Dennoch lassen sich die durch einzelne Tuningmaßnahmen erzielbaren Leistungsgewinne in etwa abschätzen, zu-

Ohne Prüfstand ist keine exakte Feststellung der Leistung möglich. Darum sollte man bei der Auswahl von Tuningfirmen darauf achten, daß mindestens **ein** Prüfstand vorhanden ist, mit dem leistungssteigernde Maßnahmen auf ihren tatsächlichen Effekt geprüft werden können.

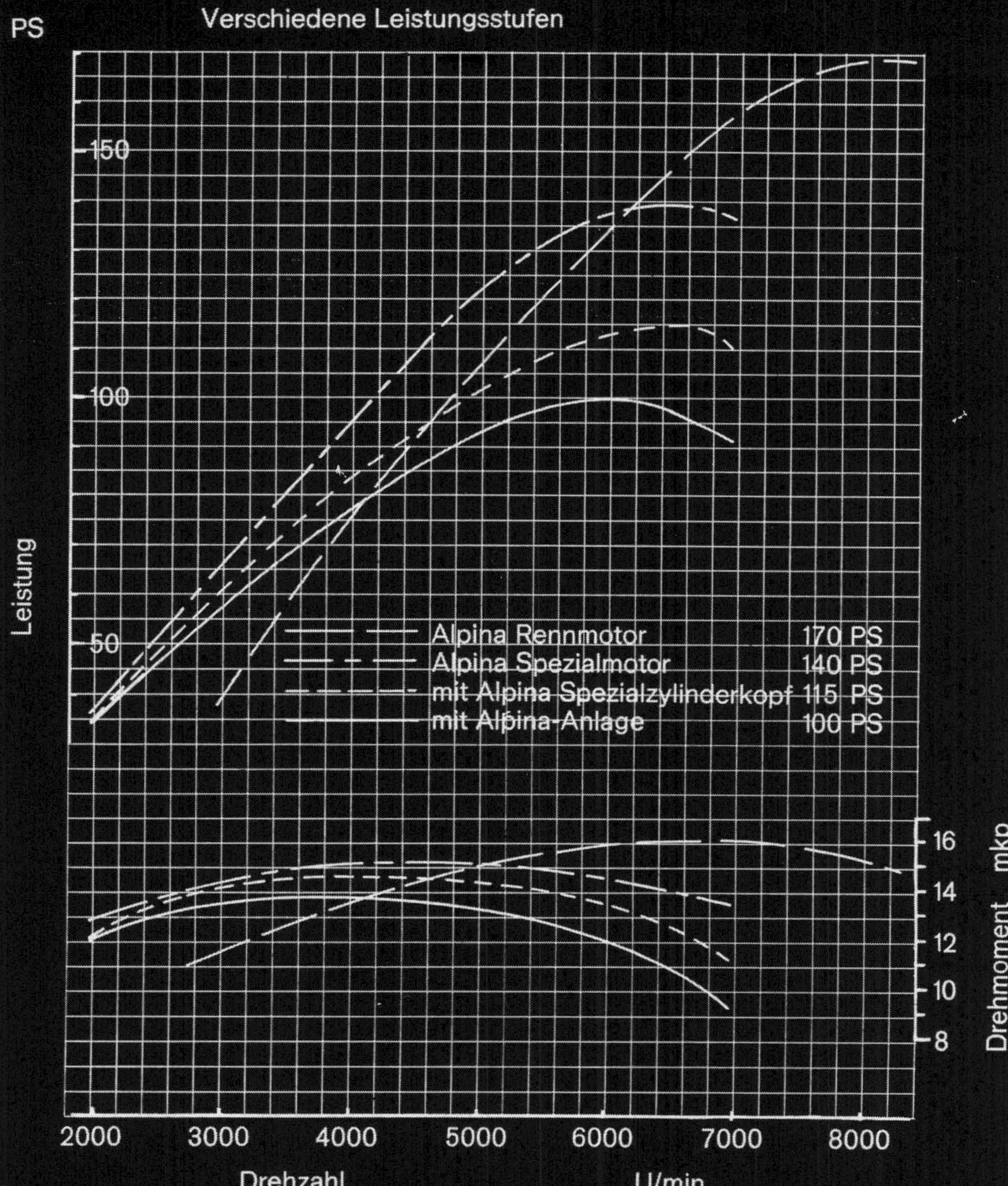

In diesem Schaubild sind die Leistungs- und Drehmomentverläufe von BMW 1,6 Liter-Motoren in verschiedenen Tuningstufen aufgezeichnet. Es wird deutlich sichtbar, daß der 1,6 Liter-Rennmotor erst im oberen Drehzahlbereich den anderen Motoren überlegen ist.

Der bullige Charakter der getunten BMW 2 Liter-Motoren geht aus diesen Leistungsdiagrammen hervor. Alle Motoren entwickeln bereits bei niederen Drehzahlen respektable Drehmomentwerte und selbst der Rennmotor bietet eine relativ gute Elastizität.

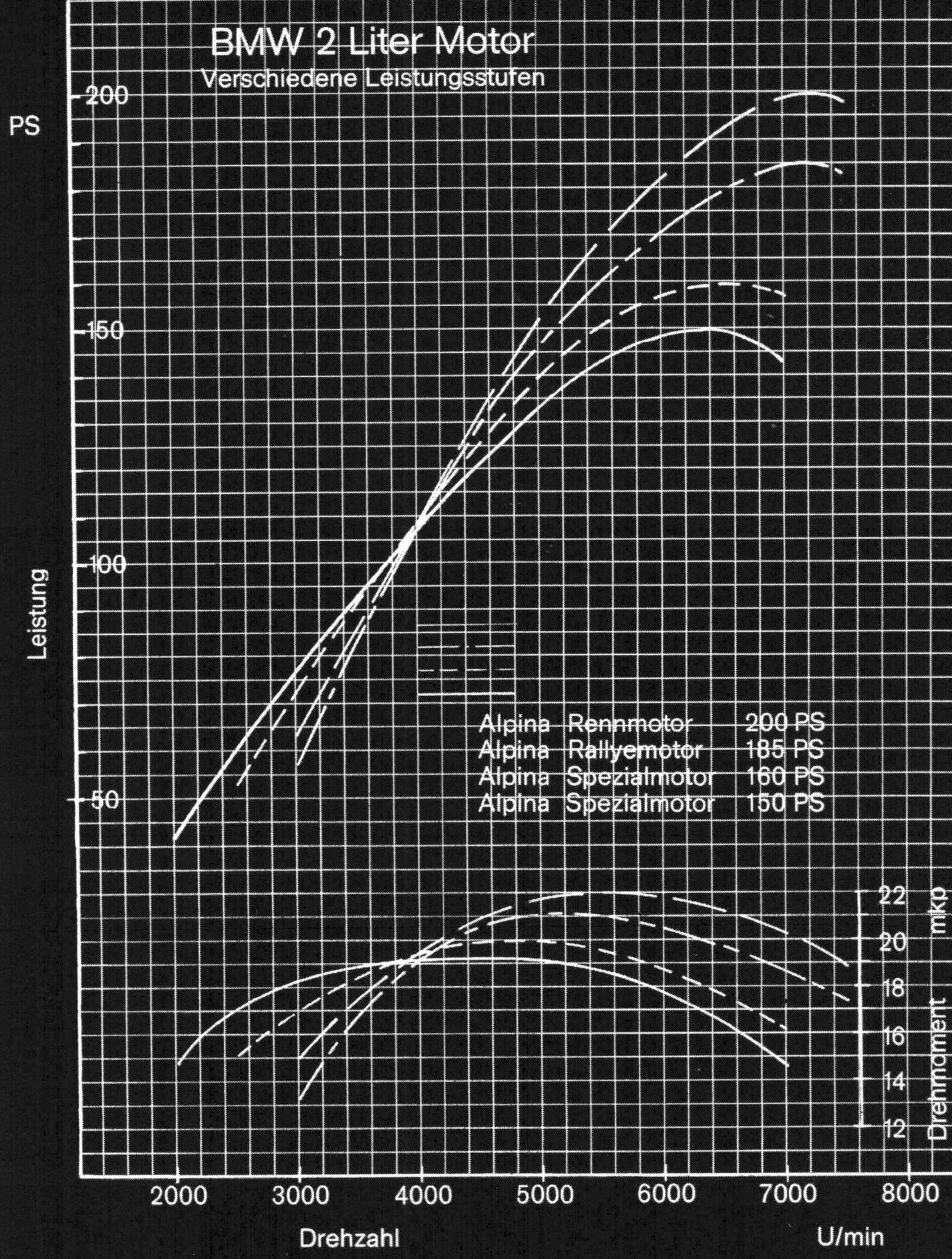

mal gerade über getunte BMW-Motoren sehr viele Erfahrungswerte vorliegen. Auch die Leistungsgrenzen (entsprechend dem Stand 1970) der BMW-Motoren sind ohne weiteres erkennbar.

BMW 1600 ccm

Mit 40er Doppelvergasern ca. 100 bis 105 PS.
Mit bearbeitetem Zylinderkopf und 40er Doppelvergasern maximal 110 PS. Mit bearbeitetem Zylinderkopf, 300-Grad-Nockenwelle, Spezialkolben, höherem Verdichtungsverhältnis (10,5 bis 11,0) und geänderter Auspuffanlage ca. 130 bis 145 PS.
Mit den gleichen Veränderungen und 324-Grad-Nockenwelle und offenem Auspuff ca. 150 bis 155 PS.
Mit den gleichen Veränderungen, größeren Ventilen, 45er Doppelvergasern und abgestimmter Rennauspuffanlage (entsprechend Gruppe 2 Rennmotor) ca. 175 PS.

BMW 2000 ccm

Mit 40er Doppelvergasern ca. 115 bis 125 PS.
Mit bearbeitetem Zylinderkopf und 40er Doppelvergasern max. 130 PS. Mit bearbeitetem Zylinderkopf, 300-Grad-Nockenwelle, 40er Doppelvergasern, erhöhtem Verdichtungsverhältnis und eventuell geänderter Auspuffanlage ca. 135 bis 145 PS.
Mit bearbeitetem Zylinderkopf, 300-Grad-Nockenwelle, 45er Doppelvergasern, Spezialkolben, höherem Verdichtungsverhältnis (10,5 bis 11,0), geänderter Auspuffanlage, evtl. größeren Ventilen 150 bis 170 PS.
Mit den gleichen Änderungen und 324-Grad-Nockenwelle, 170 bis 190 PS.
Mit den gleichen Veränderungen, größeren Ventilen, Rennauspuffanlage, evtl. Kugelfischer-Benzineinspritzung (entsprechend Gr. 2 Rennmotor), ca. 200 bis 210 PS.

Hervorragende Fahrleistungen

Selbst ohne nachträgliche Leistungssteigerung zählen die kleinen BMW-Limousinen mit zu den lebendigsten Automobilen im Straßenverkehr. Sie verkörpern wie kaum ein anderes Automobil den Begriff der Sportlimousinen, die neben einem hohen Nutzwert alle Möglichkeiten des sportlichen Autofahrens, sowohl vom Fahrwerk als auch von der Leistung her, bieten. Dennoch lassen sich diese Eigenschaften, selbst wenn man vom hohen Standard des BMW 2002 TI ausgeht, durch nachträgliche Änderungen zum Teil noch wesentlich verbessern und ein BMW 2002 oder 2002 TI mit 150 oder 160 PS zählt zu jenen automobilistischen Leckerbissen, für die es derzeit kaum eine Alternative gibt. Dabei muß berücksichtigt werden, daß ein solcher BMW auch noch mit dieser hohen Leistung wirtschaftlich, unproblematisch und relativ zuverlässig ist. So betrachtet, erscheint der Preis für einen optimal hergerichteten BMW 2002 (mit 150 bis 160 PS), Fünfganggetriebe, Fahrwerksverbesserungen, Sportsitzen usw.) von ca. 18000,– bis 20000,– Mark nicht zu hoch, erhält man doch anderswo fürs gleiche Geld nicht annähernd solche Fahrleistungen und Fahreigenschaften. In der folgenden Tabelle sind die Fahrleistungen verschiedener Leistungsstufen aufgeführt.

Beschleunigung (in Sekunden)	BMW 1600 Serie	BMW 1600 ALPINA (105 PS)	BMW 1600 ALPINA (140 PS)	BMW 2002 Serie	BMW 2002/TI Serie	BMW 2002 ALPINA (160 PS)	BMW 2002 Schnitzer (170 PS)
bis 60 km/h	5,1	4,8	3,9	4,5	4,1	4,0	3,2
bis 80 km/h	8,2	7,2	5,9	7,0	6,3	5,7	5,0
bis 100 km/h	12,8	10,7	8,3	10,3	9,2	7,8	7,3
bis 120 km/h	18,4	15,4	11,5	15,0	13,1	10,3	9,9
bis 140 km/h	28,4	21,9	16,2	22,0	18,1	13,9	14,0
bis 160 km/h	—	34,3	22,6	38,0	28,0	18,6	19,0
bis 180 km/h	—	—	33,4	—	—	26,4	27,6
1 km m. st. Start	33,7	32,1	29,3	31,8	30,6	28,1	27,9
Höchstgeschw. (km/h)	165	178	191	175	185	208	204

DIE RICHTIGE ÜBERSETZUNG

Das Schaltgetriebe

Jedes Automobil besitzt verschiedene Übersetzungsstufen (Gänge), um die Leistung des Motors dem Fahrwiderstand des Wagens anzupassen. Diese Anpassung besorgt der Fahrer selbst durch das Schalten, nur automatische Getriebe entheben ihn dieser Mühe. Beim Schalten wechselt man das Übersetzungsverhältnis, was jedoch nicht nur das Verhältnis der Motordrehzahl zur Raddrehzahl ändert, sondern im umgekehrten Maße das Raddrehmoment und damit die Vortriebskraft an den Rädern. Je größer die Übersetzung ist, um so geringer ist die Raddrehzahl und damit die Geschwindigkeit des Fahrzeugs im Verhältnis zur Motordrehzahl, und um so größer ist die Vortriebskraft an den Rädern bzw. das Raddrehmoment. Im ersten Gang – dem Gang mit der größten Übersetzung – ist also die Vortriebskraft und damit die Beschleunigung und das Bergsteigevermögen am größten, doch sind die erreichbaren Geschwindigkeiten gering. Im höchsten Gang – mit dem kleinsten Übersetzungsverhältnis – ist die erreichbare Geschwindigkeit am größten und die Vortriebskraft am geringsten.

Zwischen diesen beiden, das Gesamtübersetzungsverhältnis eines Getriebes bestimmenden Übersetzungen, befinden sich beim Vierganggetriebe zwei, beim Fünfganggetriebe drei weitere Gangstufen. Um die Motorleistung möglichst gut ausnutzen zu können, ist es vorteilhaft, wenn die Übersetzungsstufen der einzelnen Gänge nicht zu weit auseinanderliegen. Damit erreicht man relativ kleine Drehzahlsprünge beim Schalten (Drehzahlsprung = Drehzahlunterschied nach dem Schaltvorgang) und gute »Anschlüsse« in den Gängen. Ein solches Getriebe bezeichnet man als eng gestuft. Es ist einleuchtend, daß ein Fünfganggetriebe innerhalb der gleichen Übersetzungsgrenzen eine engere Stufung zuläßt – da ja ein weiterer Gang vorhanden ist – als ein Vierganggetriebe.

Um für Sportzwecke oder sportliches Fahren auch beim Vierganggetriebe eine enge Stufung zu erreichen, wird bei sogenannten Sportgetrieben der erste Gang nicht zu hoch übersetzt. Man verschenkt dadurch etwas Zugkraft in diesem Gang und beansprucht beim Anfahren die Kupplung stärker, doch ist die erreichbare Geschwindigkeit höher und eine engere Abstufung in den folgenden Gängen möglich.

Die kleinen BMW-Limousinen werden serienmäßig mit einem gut gestuften Vierganggetriebe (Getrag Typ 232) ausgeliefert. Auf Wunsch ist ein enger gestuftes Fünfganggetriebe (Getrag Typ 235) erhältlich, das sowohl für Sportzwecke als auch im Normalbetrieb sehr gut geeignet ist. Für den Renneinsatz ist das gleiche Getriebe von Getrag mit noch engerer Abstufung erhältlich. In dieser Ausführung ist jedoch das Getriebe für den Normal- und Rallyebetrieb nicht mehr geeignet.

Für den Renneinsatz mit Motoren sehr hohen Drehmoments (wie z. B. die nicht mehr erlaubten

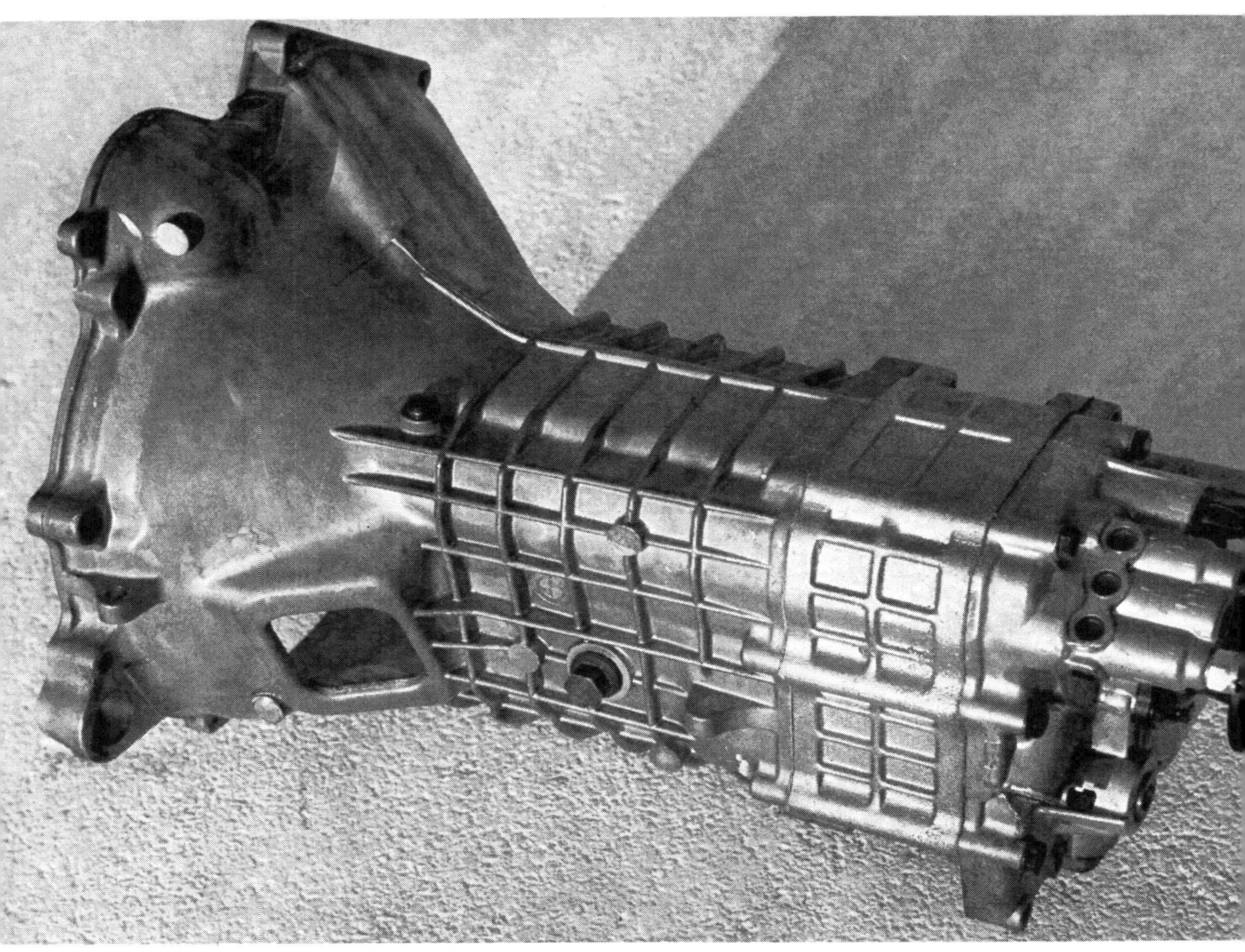

Die Änderung der Übersetzungsverhältnisse des Schaltgetriebes ist eine wichtige Maßnahme zur Anpassung der Leistungscharakteristik getunter Motoren. Bei BMW ist bereits in der Serie gegen Aufpreis ein Fünfganggetriebe erhältlich, das hinsichtlich der Abstufung unter normalen Umständen keine Wünsche offen läßt.

Kompressor-Motoren der Saison 1969 oder die Sechszylindermotoren) hat BMW ein weiteres Fünfganggetriebe vorgesehen, das von der Firma ZF hergestellt wird. Dieses Getriebe ist jedoch für die kleinen BMW-Modelle unter den gegebenen Umständen nicht notwendig, auch ist es sehr teuer. Der Vollständigkeit halber wollen wir die Übersetzungen hier angeben.

Die Übersetzungsverhältnisse und die daraus resultierenden Drehzahlsprünge (hier bei einer Drehzahl von 7000 U/min errechnet) der verschiedenen Getriebe gehen aus der folgenden Tabelle hervor. Die erreichbaren Geschwindigkeiten in den einzelnen Gängen sind von der Achsantriebsübersetzung abhängig und mit Hilfe des Drehzahldiagrammes zu bestimmen (S. 81, 83 und 84).

	Viergang (Serie)		Fünfgang (Serie)		Fünfgang (Rennen)		Fünfgang (ZF)	
	Ü	Δ n [U/min]	Ü	Δ n [U/min]	Ü	Δ n [U/min]	Ü	Δ n [U/min]
I. Gang	3,83	3250	3,37	2510	2,3	2250	2,3	1520
II. Gang	2,05	2320	2,16	1880	1,56	1100	1,8	1710
III. Gang	1,34	1780	1,58	1500	1,28	1200	1,36	1130
IV. Gang	1,0		1,24	1360	1,09	550	1,14	860
V. Gang	—		1,0		1,0		1,0	

Achsantriebsübersetzung

Das Übersetzungsverhältnis des Achsantriebes (Teller- und Kegelrad) bestimmt zusammen mit dem jeweiligen Gang des Schaltgetriebes die Gesamtübersetzung zwischen Motor und Rädern. Dies bedeutet, daß ein hoch übersetzter Achsantrieb (Fachjargon: kurze Achse) sehr gute Beschleunigung — da hohe Vortriebskraft — und geringe Endgeschwindigkeit vermittelt. Ein gering übersetzter Achsantrieb (lange Achse) erlaubt relativ hohe Endgeschwindigkeiten verbunden mit geringerer Beschleunigung. Die Auswahl der richtigen Achsantriebsübersetzung ist vom Leistungsverlauf des Motors, dem Leistungsgewicht und den speziellen Fahrumständen abhängig. So wird man ein Auto, das vornehmlich im Gebirge oder bei Bergrennen eingesetzt wird, entsprechend kurz übersetzen, da hohe Geschwindigkeiten im größten Gang nicht erforderlich sind. Unsinnig wäre hingegen eine zu kurze Übersetzung für Hochgeschwindigkeitspisten oder bei häufi-

Für die kleinen BMW-Modelle sind zahlreiche Achsantriebsübersetzungen (»Hinterachsen«) lieferbar. Die im Gehäuse eingeschlagenen Zahlen geben Auskunft über die Zähnezahl von Teller- und Kegelrad. In diesem Fall 40 zu 11, entsprechend einem Übersetzungsverhältnis von 3,64.

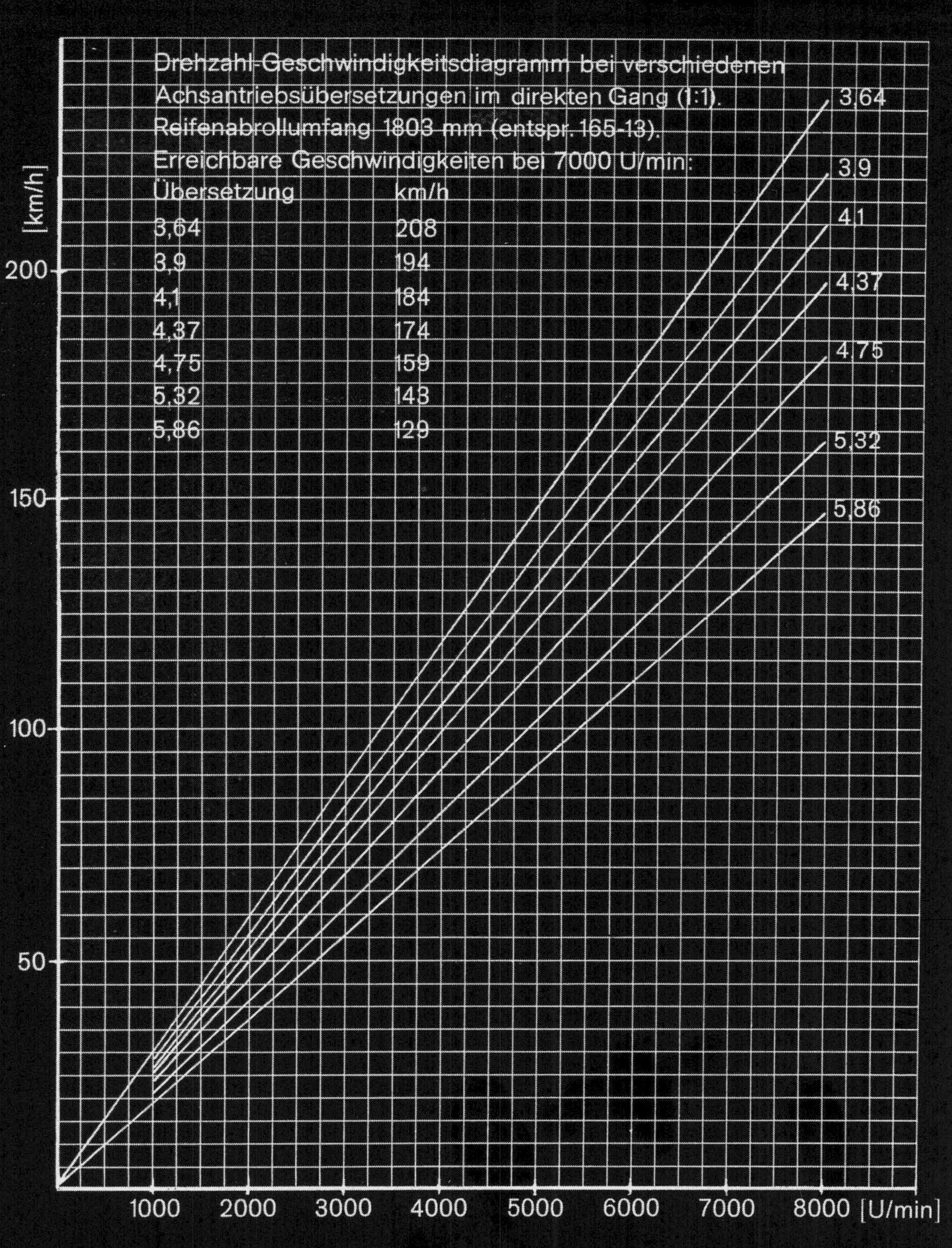

Drehzahl-Geschwindigkeitsdiagramm bei verschiedenen
Achsantriebsübersetzungen im direkten Gang (1:1).
Reifenabrollumfang 1803 mm (entspr. 165-13).
Erreichbare Geschwindigkeiten bei 7000 U/min:
Übersetzung km/h
3,64 208
3,9 194
4,1 184
4,37 174
4,75 159
5,32 143
5,86 129
[km/h]
200
150
100
50
1000 2000 3000 4000 5000 6000 7000 8000 [U/min]
3,64
3,9
4,1
4,37
4,75
5,32
5,86

gem Autobahnbetrieb. Auch bei sehr starken Automobilen (geringes Leistungsgewicht), deren Überschußleistung in den unteren Gängen ohne weiteres zur Überwindung der Schlupfgrenze ausreicht, bringt eine zu kurze Übersetzung keine Vorteile, da die bessere Vortriebskraft nicht ausgenutzt werden kann.
Entsprechend ihrer Motorgrößen und der damit erreichbaren Fahrleistungen sind die BMW-Limousinen unterschiedlich übersetzt. In der folgenden Tabelle sind die serienmäßigen Achsantriebsübersetzungen und die damit der Höchstgeschwindigkeit entsprechende Drehzahl aufgeführt (Reifenabrollumfang 165-13 = 1803 mm).

Achsantriebs-übersetzung		1600-2	1600 TI	2002	2002 TI
		4,1	3,9	3,64	3,64
V_{max}	[km/h]	165	175	170	185
V_{max}	[U/min]	6250	6310	5730	6210

Aus dieser Tabelle wird deutlich, daß die kleineren 1,6 Liter-Motoren naturgemäß höhere Dauerdrehzahlen vertragen können. Auch ist es nicht nötig, die relativ drehmomentstarken Zweiliter-Maschinen kürzer zu übersetzen Im Gegenteil, der 2002 TI erscheint für den Normalbetrieb ohnehin schon etwas kurz übersetzt.
Außer diesen serienmäßigen Achsantriebsübersetzungen, die natürlich in jeden Typ eingebaut werden können, sind noch weitere Achsantriebe lieferbar:

BMW 1600 und 1600 TI:
a) 3,89, b) 3,9, c) 4,11, d) 4,37, e) 4,75, f) 5,32, g) 5,86

BMW 2002 und 2002 TI:
a) 3,45, b) 3,64, c) 3,89, d) 3,9, e) 4,1, f) 4,37, g) 4,75, h) 5,01, i) 5,32, k) 5,86

Da die Auswahl sehr groß ist, scheint es nicht so einfach, die jeweils richtige Achsantriebsübersetzung zu finden. Für den Rallyeeinsatz, wo es nicht auf große Höchstgeschwindigkeiten ankommt, hat sich für die 1,6 Liter-Modelle die Übersetzung 4,75 oder 4,37 bewährt. Die Zweiliter-Modelle werden häufig mit der Übersetzung 4,1 gefahren. Im Alltagsgasbetrieb empfiehlt es sich nicht, die Übersetzung zu kurz zu wählen; 3,89 ist hier die untere Grenze, da höhere Dauerdrehzahlen dem Triebwerk nicht immer bekommen. Bei den kleinen 1,6 Liter-Modellen kann die Übersetzung 4,37 noch vertreten werden. Die erreichbaren Höchstgeschwindigkeiten (wobei es zu berücksichtigen gilt, daß dem Zweilitermotor keine höheren Dauerdrehzahlen als 6500 U/min zugemutet werden sollen, dem 1,6 Liter-Motor maximal 6800 U/min) sind aus den Drehzahldiagrammen zu entnehmen, die für die wichtigsten Achsantriebsübersetzungen auf Seite 81 zu finden sind.

Drehzahl-Geschwindigkeitsdiagramm

Dieses Diagramm, manchmal auch als Getriebeschaubild bezeichnet, gibt Aufschluß über die in den einzelnen Gängen erreichbaren Geschwindigkeiten und die zugehörigen Motordrehzahlen. Auch der Einfluß verschiedener Achsantriebsübersetzungen und der Reifengrößen wird deutlich. Denn neben den Übersetzungen des Schalt-

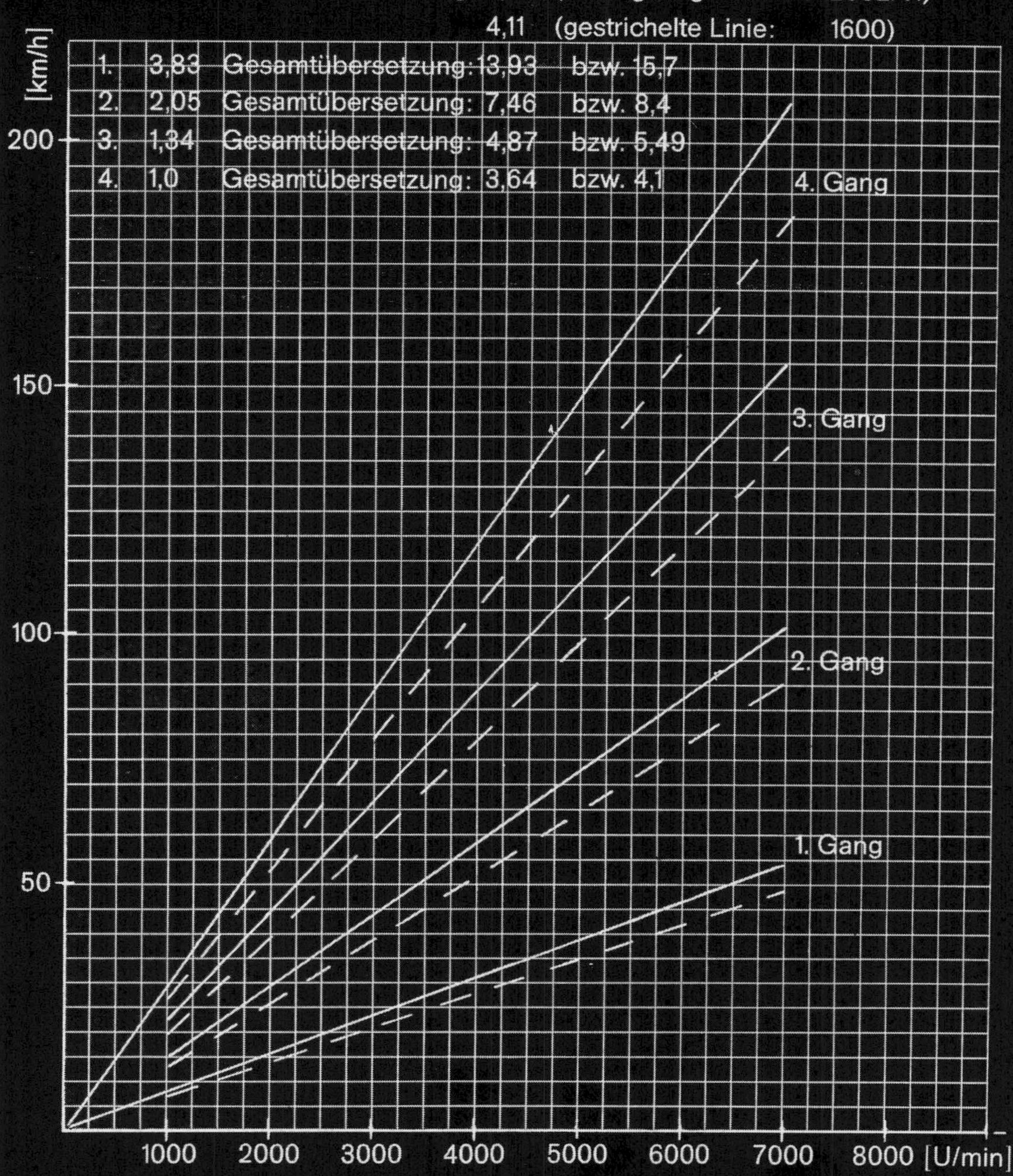

Drehzahl-Geschwindigkeitsdiagramm
Vierganggetriebe (Serie): Reifenabrollumfang 1803 mm (165-13)
Achsantriebsübersetzung: 3,64 (durchgezogene Linie: 2002/TI)
4,11 (gestrichelte Linie: 1600)
[km/h]
1. 3,83 Gesamtübersetzung: 13,93 bzw. 15,7
2. 2,05 Gesamtübersetzung: 7,46 bzw. 8,4
3. 1,34 Gesamtübersetzung: 4,87 bzw. 5,49
4. 1,0 Gesamtübersetzung: 3,64 bzw. 4,1
4. Gang
3. Gang
2. Gang
1. Gang
200
150
100
50
1000
2000
3000
4000
5000
6000
7000
8000 [U/min]

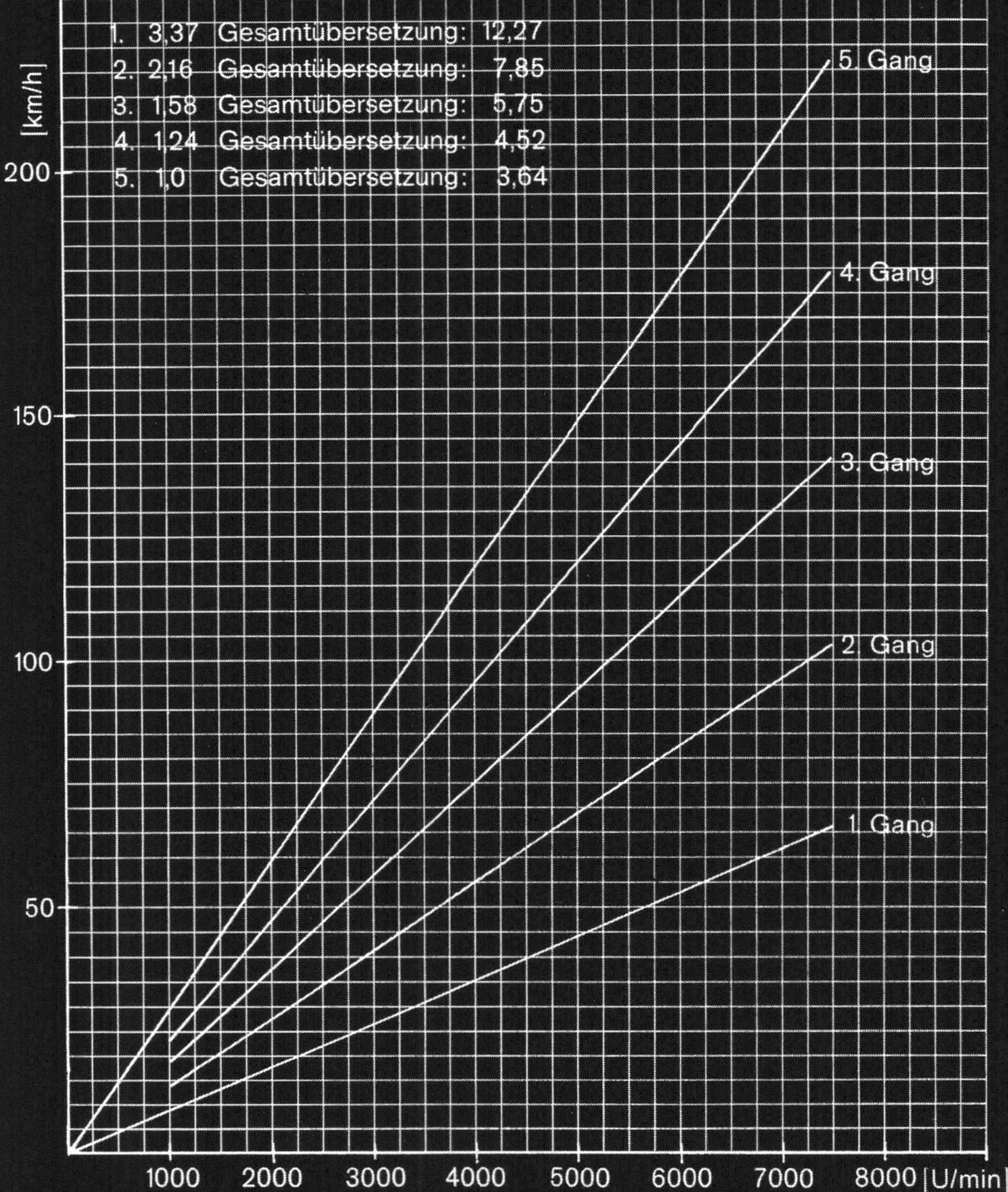

Drehzahl-Geschwindigkeitsdiagramm
Fünfganggetriebe; Reifenabrollumfang 1803 mm (165-13)
Achsantriebsübersetzung: 3,64 (2002/TI)
1. 3,37 Gesamtübersetzung: 12,27
2. 2,16 Gesamtübersetzung: 7,85
3. 1,58 Gesamtübersetzung: 5,75
4. 1,24 Gesamtübersetzung: 4,52
5. 1,0 Gesamtübersetzung: 3,64
[km/h]
200
150
100
50
5. Gang
4. Gang
3. Gang
2. Gang
1. Gang
1000
2000
3000
4000
5000
6000
7000
8000
[U/min]

getriebes und des Achsantriebes bestimmen auch noch die Reifendimensionen die erreichbaren Geschwindigkeiten. Es ist logisch, daß ein Reifen kleinen Durchmessers bei gleicher Raddrehzahl eine geringere Geschwindigkeit vermittelt als ein großer Reifen. Das für die erreichbare Geschwindigkeit wichtige Reifenmaß nennt man den dynamischen Abrollumfang.

Um das Drehzahl-Geschwindigkeitsdiagramm zu zeichnen, muß man sich in jedem Gang die einer bestimmten (möglichst hohen) Motordrehzahl zugehörige Geschwindigkeit ausrechnen, die Punkte auf Millimeterpapier eintragen und mit dem Nullpunkt verbinden. Zur Berechnung benötigt man folgende einfache Formel:

$$V = \frac{n}{i} U \cdot 0{,}06 \, (km/h)$$

Darin bedeuten V die Geschwindigkeit in km/h; n die Motordrehzahl in U/min; i die Gesamtübersetzung (Gangübersetzung × Achsantriebsübersetzung), U der Abrollumfang des Reifens in m.

Sperrdifferential

Das sogenannte Ausgleichsgetriebe (Differential) hat die Aufgabe, die bei Kurvenfahrt auftretenden Unterschiede in der Raddrehzahl auszugleichen. Gleichzeitig sorgt es dafür, daß jedes Rad das gleiche Drehmoment überträgt. Diese für den Normalbetrieb durchaus wünschenswerten Eigenschaften können jedoch unter Umständen störende Nebenwirkungen haben. Wenn nämlich aus irgendeinem Grund das eine Antriebsrad durchdreht – durch Entlastung bei Kurvenfahrt oder auf losem Untergrund etwa –, kann das andere Rad ebenfalls kein Drehmoment übertragen. Dies führt dazu, daß man insbesondere mit starken Automobilen und gering belasteter Antriebsachse relativ schlecht aus engen Kurven heraus beschleunigen kann.

Um diesen unerwünschten Nebeneffekt des Differentials zu vermeiden, hat man »Differentialbremsen« bzw. selbstsperrende Differentiale entwikkelt, die zwar für einen sinnvollen Drehzahl- und Drehmomentausgleich sorgen, jedoch übermäßiges einseitiges Durchdrehen vermeiden.

Für die kleinen BMW-Modelle ist das ZF-Lok-O-Matic-Lamellen-Sperrdifferential lieferbar, dessen Sperrwirkung selbsttätig eintritt. Das ZF-Sperrdifferential wird anstelle des normalen Ausgleichsgetriebes im Achsantriebsgehäuse untergebracht. Wegen der größeren axialen Belastung sind die seitlichen Gehäusedeckel aus Leichtmetall durch solche aus Grauguß zu ersetzen.

Für den Renneinsatz ist das gleiche Aggregat mit verstärkter Sperrwirkung lieferbar. Im Normalbetrieb ist dies nicht zu empfehlen, da die stärkere Sperrwirkung nicht ohne Einfluß auf die Fahreigenschaften bleibt. So wird beispielsweise der Geradeauslauf schlechter. Die Sperrwirkung ist durch die verschiedenartigen Einbaumöglichkeiten der Sperrlamellen variabel und kann durch molybdenbeschichtete Lamellen (für Rennzwecke) auf ca. 75 Prozent (normalerweise 25 bis 50 Prozent) erhöht werden.

Das ZF-Sperrdifferential ist ebenfalls gegen Aufpreis beim Neukauf eines BMW 1600/2002 oder 2002 TI erhältlich. Jedoch macht auch der nachträgliche Einbau keinerlei Schwierigkeiten.

ZUM THEMA STRASSENLAGE

Bei jedem Automobil versucht der Hersteller im Rahmen der konstruktiven und kalkulationsbedingten Möglichkeiten einen erträglichen Kompromiß zwischen guten Fahreigenschaften und befriedigendem Fahrkomfort zu finden. Dies gelingt freilich nicht immer, und da das Ganze selbst bei einem positiven Ergebnis immer noch ein Kompromiß bleibt, ergeben sich bei fast jedem Serienauto genügend Möglichkeiten, die Fahreigenschaften, oder besser gesagt die »Straßenlage«, nachträglich zu verbessern. Daß dabei auf

Die wichtigsten Zutaten zur Verbesserung der Fahreigenschaften bei den kleinen BMW-Limousinen sind Spezialstoßdämpfer, Spezialfederbeine und Stabilisatoren.

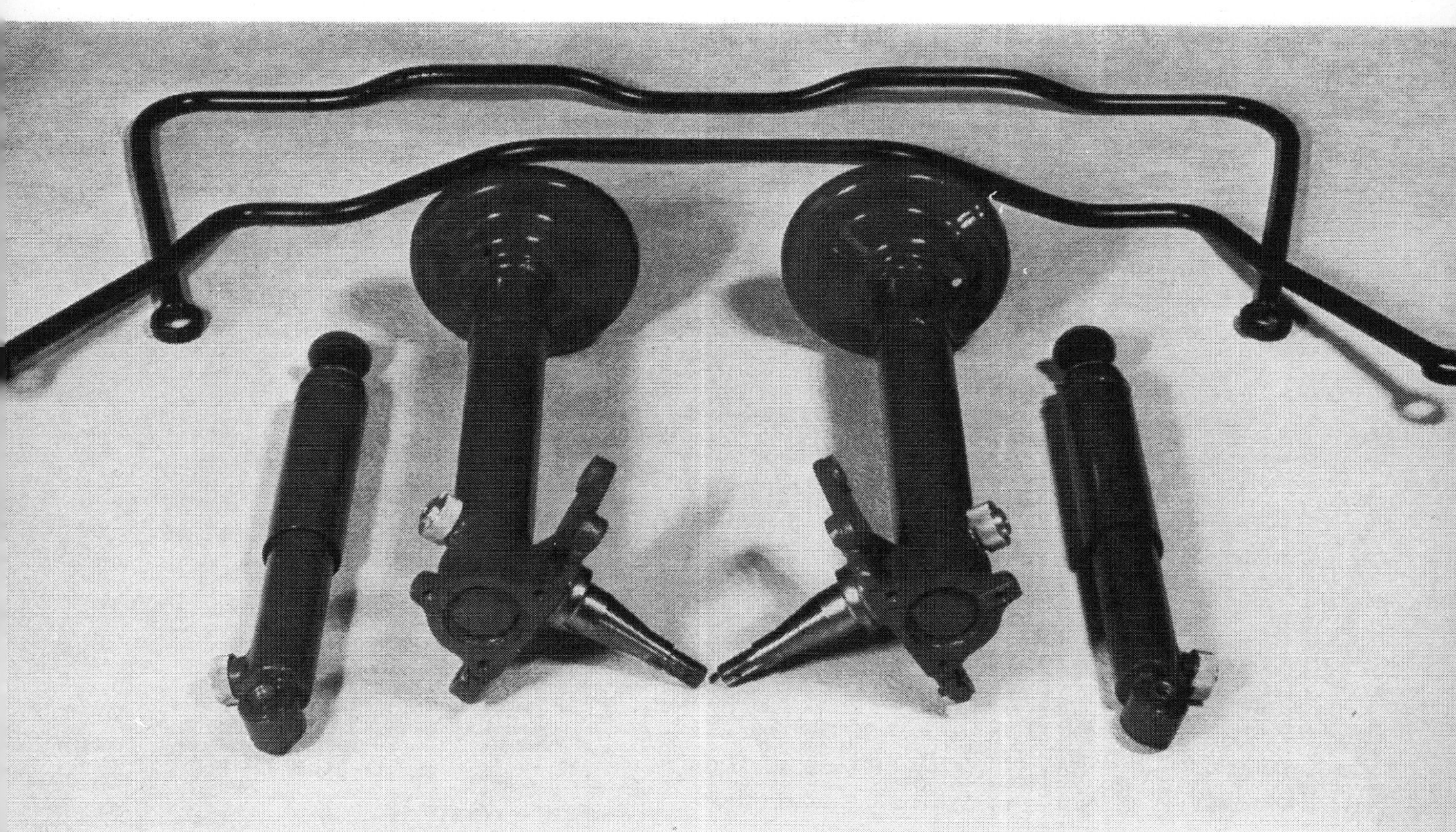

anderer Ebene, nämlich am Komfort, meist gewisse Abstriche gemacht werden müssen, sollte man berücksichtigen.
Das Ziel jeder Fahrwerksverbesserung ist in erster Linie, höhere Kurvengeschwindigkeiten zu erreichen. Weiterhin strebt man eine gute Bodenhaftung der Räder – auch bei unebener Fahrbahn – an, und ein sicheres Verhalten in schnell gefahrenen Wechselkurven (Wedeln). Schließlich sollten auch gut kontrollierbare Fahreigenschaften im Grenzbereich zu den Voraussetzungen einer guten Straßenlage gehören.
Für das Erreichen dieser hohen Ziele sind primär folgende Faktoren maßgebend:

- **Schwerpunkthöhe**
- **Spurweite und Radstand**
- **Gewichtsverteilung**
- **Art und Ausführung der Radaufhängung**

Es sind dies, wie man sieht, für jeden Autotyp weitgehend festliegende konstruktive Tatsachen. Neben diesen primären Einflußgrößen, die sich nachträglich bei einem Serienauto nur in engen Grenzen ändern lassen, bestimmen noch eine Reihe anderer Faktoren die Fahreigenschaften, wie z.B. **Stoßdämpfer, Federhärte, Reifen, Felgen, Stabilisatoren** usw. Es gilt nun zu versuchen, aus dem vorhandenen Grundkonzept durch möglichst wenige Veränderungen eine wesentliche Verbesserung der Fahreigenschaften zu erreichen. Hierzu bedarf es oftmals nur relativ einfacher Maßnahmen.

Stoßdämpfer

Der Einbau härterer Stoßdämpfer ist eine relativ einfache, aber sehr wirksame Methode, die Fahreigenschaften und das Kurvenverhalten eines Automobils zu verbessern. Bekanntlich haben Stoßdämpfer die Aufgabe, unkontrollierbare und der Bodenhaftung abträgliche Schwingungen der Räder und der Radaufhängung zu verhindern. Dies können sie um so besser, je härter ihre Ein-

Mit Gasdruckstoßdämpfern und Federbeinen von Bilstein wurden im Wettbewerb und Straßenbetrieb die besten Erfahrungen gemacht. ALPINA liefert Bilstein-Federbeine und dazu abgestimmte Bilstein-Stoßdämpfer für Rennen, Rallyes und Straßenbetrieb.

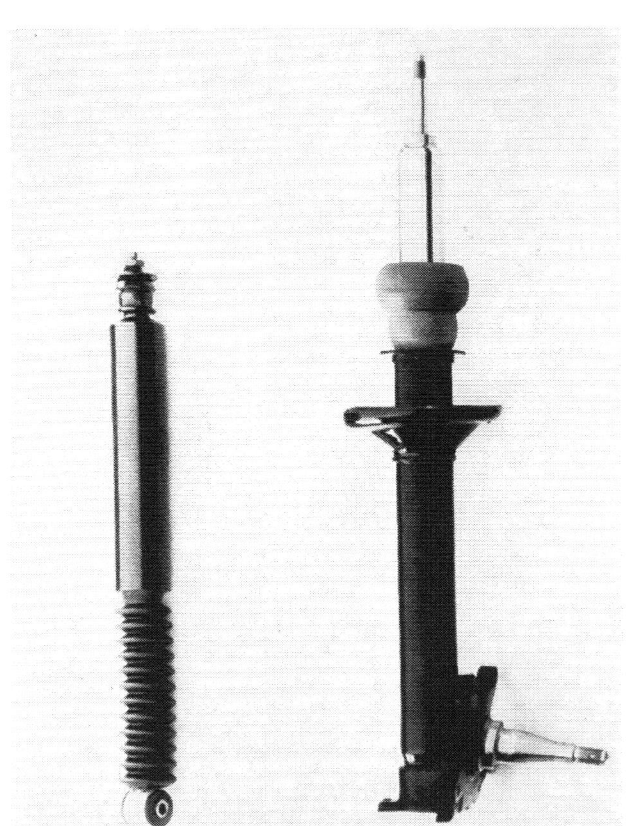

Für Wettbewerbszwecke wird die Federauflage der hinteren Schwinge tiefergesetzt (obere Schwinge). Die Ausschweißung des offenen U-Profils dient der Versteifung der Schwinge (beim 2002 TI serienmäßig).

stellung ist. Eine zu harte Stoßdämpfereinstellung wird jedoch bei Serienautomobilen aus Komfortgründen vermieden, während man bei sportlicher Fahrweise und bei Wettbewerben durchaus zugunsten der Straßenlage auf Federungskomfort verzichten kann.

Härtere Stoßdämpfer verbessern jedoch nicht nur die Bodenhaftung der Räder, sondern – da sie das Ein- und Ausfedern gleichermaßen erschweren – unterdrücken auch Wankbewegungen des Aufbaus. Dadurch wird das Fahrverhalten in Wechselkurven wesentlich stabiler und sicherer.

Bei den heute üblichen hydraulischen Teleskopstoßdämpfern wird die Dämpfkraft beim Ein- und Ausfedern werkseitig eingestellt und ist nachträglich nicht zu ändern. Nur relativ teure Spezialfabrikate (z. B. Koni) erlauben eine nachträgliche Korrektur. Da jedoch das Ermitteln der günstigsten Stoßdämpferabstimmung umfangreiche Versuche erfordert, ist es vorteilhaft, wenn man auf werkseitig richtig abgestimmte Sportstoßdämpfer zurückgreifen kann. Eine exakte Überprüfung der Dämpfkraft in der Zugstufe (Ausfedern) und der Druckstufe (Einfedern) ist nur mit einer Stoßdämpfer-Prüfmaschine möglich.

Sturz und Spur

Diese beiden Kenndaten eines Fahrgestells sind für die Fahreigenschaften von wichtiger Bedeutung, um so mehr, als sie bei den meisten Serienautos in bestimmten Grenzen nachträglich variiert werden können. So ist man bestrebt, den Rädern dort einen negativen Sturzwinkel zu geben, wo dies ohne zu große Änderungen möglich ist und wo eine Verbesserung der Seitenführung erwünscht ist. Denn ein gegen die Kurve gestürztes Rad (negativer Sturz) ermöglicht durch die zusätzlich hinzukommende Sturzseitenkraft eine insgesamt höhere Seitenführungskraft.
Auch die Spurweite der Räder spielt für die erreichbaren Kurvengeschwindigkeiten und die Fahreigenschaften eine wichtige Rolle. Denn eine breitere Spur erlaubt bei gleichbleibender Schwerpunkthöhe eine bessere seitliche Abstützung der auftretenden Zentrifugalkräfte. Noch günstiger wird das Verhältnis, wenn man gleichzeitig durch Tiefersetzen den Gesamtschwerpunkt des Wagens um einige Zentimeter senken kann.

Vorbildliches BMW-Fahrwerk

Wie bereits bei der Vorstellung der kleinen BMW-Modelle betont wurde (Seite 15) ist das Fahrwerk bereits im serienmäßigen Zustand überdurchschnittlich gut. Dennoch gibt es bei BMW ungewöhnlich viele Möglichkeiten, dieses Fahrwerk noch weiter zu verbessern. Natürlich ist auch das serienmäßige Fahrwerk durchaus noch in der Lage, mehr Leistung zu verkraften, so daß bei kleineren Leistungssteigerungen nicht unbedingt auch Fahrwerksveränderungen nötig sind. Für die Modelle 1600, 1600 TI und 2002 dürften hier die Leistungsgrenzen bei etwa 115 PS liegen; das in einigen Details verstärkte Fahrwerk des 2002 TI ist in serienmäßigem Zustand für etwa 150 PS gut. Weitergehende Leistungssteigerungen sollten dann prinzipiell mit einer Fahrwerksverbesserung gekoppelt werden.

Stoßdämpfer, Federbeine, Federn

Spezialstoßdämpfer und Federbeine werden für die kleinen BMW-Modelle von den Firmen Bilstein, Boge und Koni hergestellt. Dabei wurden die besten Ergebnisse (im Renneinsatz) mit den Gasdruckstoßdämpfern und Federbeinen von Bilstein erzielt.
Eine für geringe Leistungssteigerungen oder Serienfahrzeuge voll ausreichende Verbesserung

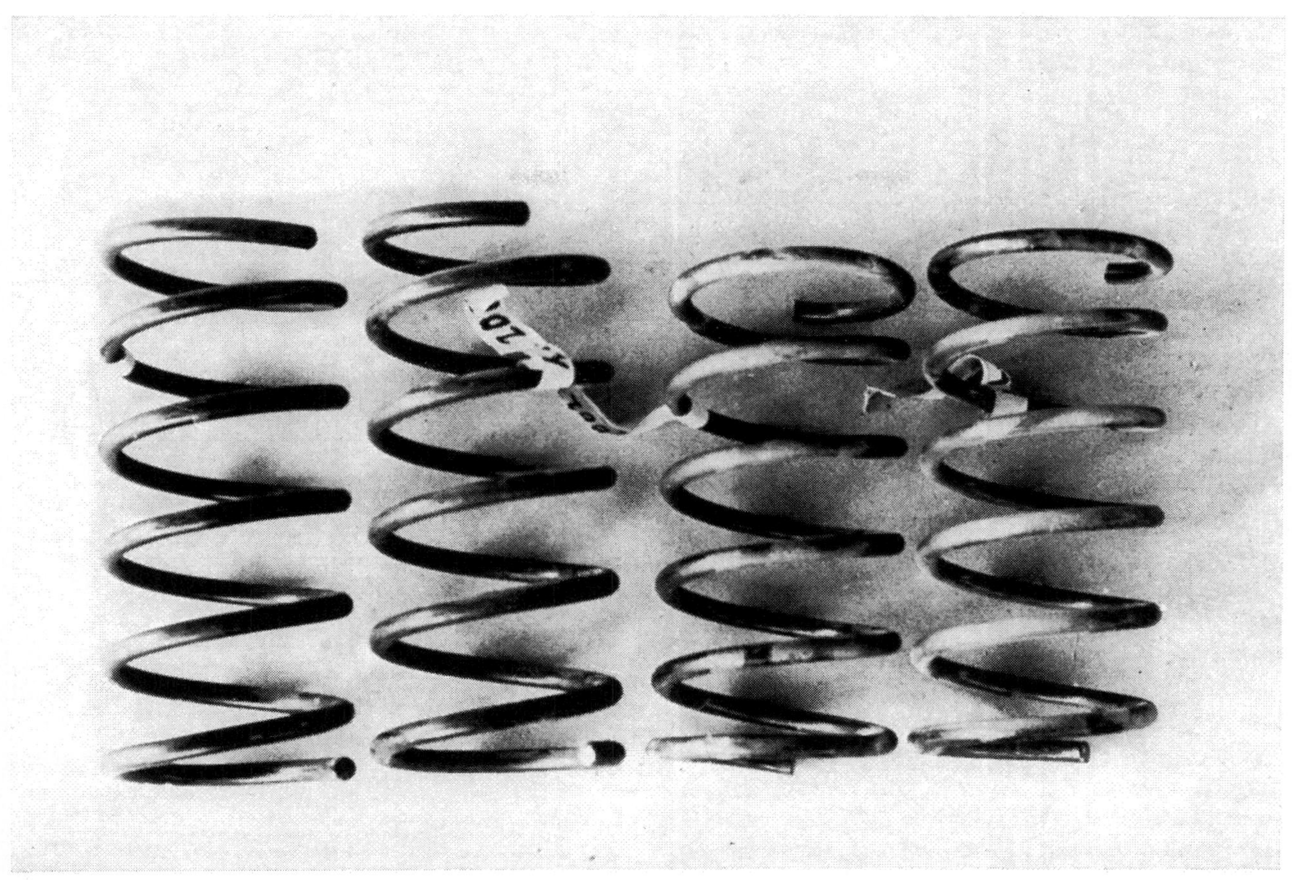

Härtere und kürzere Fahrwerksfedern finden nur im Wettbewerbseinsatz Verwendung. Unter normalen Umständen reichen die Serienfedern – entsprechend gekürzt und nachgearbeitet – aus.

der Fahreigenschaften läßt sich bereits durch den Einbau härterer Hinterradstoßdämpfer erzielen. Stoßdämpfer mit entsprechender Einstellung liefern die Firmen Bilstein (zu beziehen über BMW-Alpina), Boge und Koni. Außer dem normalen Koni-Dämpfer liefert Koni für die kleine BMW-Limousine noch einen Spezialstoßdämpfer, der in der Druck- und Zugstufe von außen einstellbar ist.

Für eine exakte Einstellung ist jedoch eine Prüfmaschine empfehlenswert.
Spezielle Federbeine mit verstärkter Dämpfung werden von den Firmen Bilstein (Bezugsquelle: BMW-Alpina) und Boge (Bezugsquelle: BMW-Alpina; Schnitzer; Koepchen) hergestellt. Diese Federbeine haben verstärkte Achsschenkel und sind für die Montage größerer Bremsen vorgesehen. Die Firma Koni liefert Dämpfereinsätze, die in die vorhandenen Federbeine eingebaut werden können.
BMW-Alpina liefert außerdem Federbeine mit 20 mm tiefergesetzter Federauflage und negativem Sturz. Federbeine und Stoßdämpfer, speziell für den Renneinsatz abgestimmt, sind bei den Firmen BMW-Alpina, Koepchen und Schnitzer zu beziehen. Diese Firmen haben auch komplette Fahrwerks-Umbausätze mit verstärkter Bremsanlage und anderen verstärkten Fahrwerksteilen im Programm, die man entsprechend dem Einsatzzweck des leistungsgesteigerten Wagens auswählen kann. Es ist darauf zu achten, daß bei Fahrzeugen mit einer Leistung von mehr als 115 PS oder bei der Verwendung von 5½ Zoll-Rädern in jedem Fall die hinteren Radschwingen ein geschlossenes Profil erhalten bzw. daß die Schwingen des 2002 TI verwendet werden.
Um den Wagen tiefer zu setzen, können die Schraubenfedern vorn und hinten um je eine halbe oder eine ganze Federwindung (eine ganze Federwindung = eine halbe Windung unten und oben kürzen) gekürzt werden. Vorn ist von diesem Verfahren dann abzuraten, wenn bereits Federbeine mit tiefergesetztem Federteller eingebaut

Komplette Fahrwerksätze mit Spezialfederbeinen und innenbelüftete Scheibenbremsen haben ALPINA, Koepchen und Schnitzer im Programm

sind. Durch das Tieferlegen stellt sich an den Hinterrädern — bedingt durch die Achskinematik — ein größerer negativer Sturz ein. Spezielle gekürzte Radfedern sind bei BMW-Alpina erhältlich.

Räder und Felgen

Der im Rennsport und auch in der Serienfabrikation zu beobachtende Trend nach breiten Felgen hat einen einfachen realen Hintergrund. Selbst bei gleichbleibender Reifengröße sind die übertragbaren Seitenkräfte bei einer breiteren Felgenbasis höher. Breitere Felgen sind darum ebenfalls eine relativ einfache und wirksame Methode, die Fahreigenschaften zu verbessern. Dies gilt um so mehr, wenn sich damit noch eine Spurverbreiterung verbinden läßt. Die Grenzen einer Spur- und Felgenverbreiterung sind in der Regel durch die Karosserieabmessungen (Radkasten) festgelegt, denn die Räder sollen unter keinem Belastungszustand an der Karosserie schleifen.

Noch günstigere Ergebnisse als mit breiteren Stahlfelgen lassen sich mit Leichtmetallrädern erreichen.

Da das Gewicht der Räder und Radaufhängung (ungefederte Massen) aus Gründen der Bodenhaftung möglichst gering sein soll, bieten hier Leichtmetallräder bessere Voraussetzungen. Als Nachteile stehen dem gegenüber der relativ hohe Preis und die nicht bei allen Fabrikaten ausreichende Festigkeit und Fertigungsgenauigkeit.

In der Serie findet man bei den Typen 1600, 1600 TI und 2002 die Felgendimension 4½ J × 13, beim 2002 TI die Größe 5 J × 13, die gleichzeitig eine Spurverbreiterung von 16 mm bewirkt. Es handelt sich bei diesen Rädern um normale Stahlscheibenräder. Lochscheibenräder (Lochfelgen) der Größe 5 J x 13 sind im Zubehörhandel erhältlich. Auch BMW-Alpina liefert ein solches Lochscheibenrad, komplett mit verchromten Radmuttern und Abdeckkappen, das eine Spurverbreiterung von ca. 16 mm ergibt. Diese Räder sind ohne weitere Änderungen bei allen Modellen dieser BMW-Baureihe verwendbar.

Breitere Räder der Felgendimension 5½ J × 13 sind ebenfalls als Stahl-Lochscheibenrad erhältlich (BMW-Alpina), doch ist bei ihrer Montage unter Umständen eine leichte Nacharbeit der Kotflügelkanten vorn notwendig. Diese 5½ Zoll breiten Räder, die außerdem eine Spurverbreiterung von ca. 30 mm ergeben, sind nur in Verbindung mit einem verstärkten Fahrwerk erlaubt, das mindestens dem Serienstand des BMW 2002 TI entspricht, also an diesem Wagen ohne weiteres verwendbar. Das gleiche gilt natürlich für noch breitere Radgrößen. Doch sind für den Straßenverkehr nur Räder bis maximal 6½ Zoll Breite zu empfehlen — für die natürlich noch weitergehende Nacharbeiten an den Kotflügeln und Radkästen notwendig sind —, da sonst die Lenkbarkeit und die Fahreigenschaften auf unebener Fahrbahn schlechter werden.

Die Verwendung breiterer Felgen (bis zu 8 Zoll vorn, 9 Zoll hinten) bleibt auf den Wettbewerbseinsatz beschränkt und ist nur in Verbindung mit Karosserieänderungen und angesetzten Kunststoffkotflügeln möglich.

Stahl- und Leichtmetallräder sind von verschie-

Nicht jedes Leichtmetallrad, das gut aussieht, entspricht auch qualitativ den hohen Anforderungen, die Automobilfabriken an Räder stellen. Die grundsätzlichen Vorteile von Leichtmetallrädern, wie geringes Gewicht, breitere Felgenbasis und breitere Spur, können nur dann gefahrlos genutzt werden, wenn für die entsprechenden Räder ein Festigkeitsnachweis oder ein Mustergutachten des TÜV existiert.

Lochscheibenräder bis zu einer maximalen Breite von $5^1/_2$ Zoll sind eine gute und preiswerte Lösung, die Fahreigenschaften der kleinen BMW-Limousinen durch breitere Felgen und breitere Spur zu verbessern (ALPINA-Lochscheibenrad).

denen Herstellern für die kleinen BMW-Modelle lieferbar. Die folgende Tabelle soll einen kleinen Überblick geben, wobei naturgemäß nicht alle Hersteller erfaßt werden konnten und auf eine Angabe der Preise wegen der ständigen Änderungen verzichtet wurde.

Wie extrem die Felgenbreiten bei Rennfahrzeugen gewachsen sind, zeigt dieser Vergleich einer 9 Zoll breiten ALPINA-Rennfelge gegenüber einer Serienfelge.

Lieferbare Felgen (13″ Durchmesser)

Fabrikat	Breite	Material[1])	Gewicht ca. kp	Spurverbreiterg.[2]) ca. mm
Alpina	5″	Stahl	6,5	16
Alpina	5½″	Stahl	6,7	26
Alpina	5½″	LM	4,8	30
Alpina	6″	LM 3tlg.	4,0	40
Alpina	7″	LM 3tlg.	4,4	70
Alpina	7½″	LM 3tlg.	4,5	82
Alpina	8″	LM 3tlg.	4,7	95
Alpina	9″	LM 3tlg.	5,0	120
Campagnolo	5½″	LM	4,2	30
Campagnolo	7″	LM	4,7	70
Cosmic	5½″	LM	5,0	30
Minilite	5½″	LM	4,2	30
Minilite	7″	LM	4,7	70
Ronal	5½″	LM	5,0	30
Remotec	5½″	LM	5,2	30
Remotec	6″	LM	5,5	50
Remotec	7″	LM	4,2	70
Remotec	8″	LM	4,6	85

[1]) Bei den Leichtmetallrädern (LM) kann es sich sowohl um eine Aluminium- wie Magnesiumlegierung handeln. Letztere ist leichter, aber auch teurer.

[2]) Die Spurverbreiterung bezieht sich auf die Modelle 1600/TI/2002. Der 2002 TI hat von Haus aus eine um 16 mm breitere Spur, um die sich die angegebenen Maße verringern. Alle Maße und Gewichte sind nur ungefähre Angaben!

Wettbewerbsräder werden besonders im Hinblick auf geringes Gewicht und gute Variationsmöglichkeiten der Felgenbreiten konstruiert. Das dreiteilige ALPINA-Wettbewerbsrad (lieferbar von 6 bis 10 Zoll Breite) bietet unter diesen Gesichtspunkten beste Voraussetzungen.

Stabilisatoren

Die kleinen BMW-Modelle sind bereits serienmäßig mit Ausnahme des 1600 mit zwei Stabilisatoren ausgerüstet. Dadurch ergeben sich neutrales Fahrverhalten und gut kontrollierbare Fahreigenschaften bei geringer Kurvenneigung. Normalerweise kann diese Auslegung auch für ein verbessertes Fahrwerk beibehalten werden.
Für Rennzwecke und andere Wettbewerbe ist es unter Umständen günstig, das Eigenlenkverhalten mit Hilfe der Stabilisatoren beeinflussen zu können. Für diesen Fall sind Stabilisatoren verschiedenen Durchmessers lieferbar:
Serie v/h: 15/16 mm Durchmesser.
Sonderausführungen:
vorn: 17 bis 19 mm; hinten: 15 bis 17 mm Durchmesser. Bei der Auswahl ist zu beachten, daß ein stärkerer vorderer Stabilisator Übersteuern vermindert bzw. Untersteuern fördert, während eine Verstärkung des hinteren Stabilisators das Gegenteil bewirkt. Die Firma BMW-Alpina hat außerdem einstellbare Stabilisatoren entwickelt, bei denen das Eigenlenkverhalten durch Verkürzen oder Verlängern der Hebellängen korrigiert werden kann.

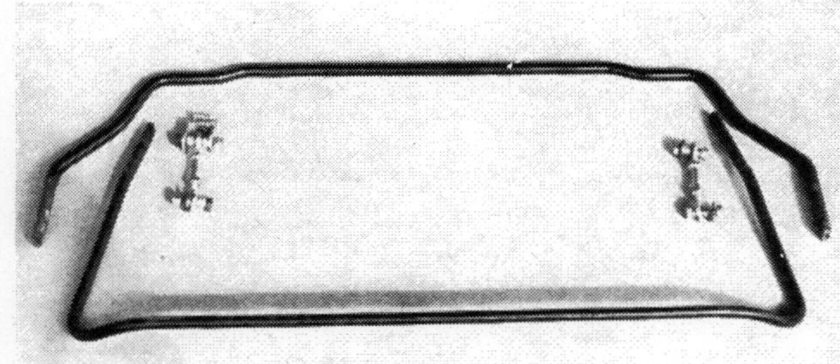

Mit einstellbaren Stabilisatoren von ALPINA läßt sich das Fahrverhalten ohne großen Aufwand durch Verstellen der Aufhängung in der Lochreihe korrigieren, was wesentlich weniger Umstände verursacht, als der Wechsel eines kompletten Stabilisators.

Reifen

Die kleinen BMW-Modelle werden mit Ausnahme des Typs 1600 bereits serienmäßig mit Gürtelreifen ausgeliefert, die wir unter allen Umständen auch für verbesserte Fahrzeuge empfehlen wollen.
Sollte das betreffende Auto nach erfolgreichem Tuning in der Lage sein, schneller als 180 km/h zu fahren, so sind natürlich sogenannte HR-Reifen vonnöten, deren zulässige Höchstgeschwindig-

Mehr als doppelt so breit wie beim Serienreifen (165-13) ist die Lauffläche dieses für die Hinterachse bestimmten Dunlop Racing (4.50/11.60-13).

keit 210 km/h beträgt. Für solche BMW-Fahrzeuge, die sich mit maximal 180 km/h (es darf auch ein wenig mehr sein, wenn es nicht im Kfz-Schein steht) begnügen, sind SR-Reifen ausreichend. Für Geschwindigkeiten über 210 km/h wären VR-Reifen notwendig, doch werden diese vorläufig noch nicht hergestellt, auch dürfte es wenige getunte BMW geben, die die Geschwindigkeitsgrenze von 210 km/h so deutlich überschreiten, daß VR-Reifen angebracht wären. Immerhin sind hierzu über 170 PS notwendig, und es fällt schwer, diese in einem straßentauglichen Auto zu realisieren.

Als Reifengröße kommt unter normalen Umständen die Dimension 165-13 in Frage. Von den breiteren Reifen der 70er Serie (Höhe zu Breite = 0,70) ist die Größe 185/70-13 in Verbindung mit 5 J x 13 Felgen ohne weiteres verwendbar. Die gleiche Größe 185/70-13 auf der Felge 5½ J x 13 erfordert bei den Typen 1600/2002 ein leichtes Umbördeln der Kotflügel-Innenkante, was beim TI bereits serienmäßig der Fall ist. Noch breitere Felgen und Reifen sind nur in Verbindung mit Kunststoffkotflügelverbreiterungen verwendbar.

Die Reifen der 70er Serie haben den Vorteil, daß sie bei annähernd gleichem Abrollumfang wie die Normalgürtelreifen eine wesentlich breitere Aufstandsfläche haben. Sie verbessern dadurch die Seitenführung und die übertragbaren Umfangskräfte. Gürtelreifen der 70er Serie werden zur Zeit von Kleber Colombes, Good-Year, Uniroyal und Veith-Pirelli hergestellt, wovon die letzteren beiden Fabrikate besonders gut für den BMW geeignet sind.

Im Renneinsatz und auch bei manchen Rallyes werden hauptsächlich Racing-Reifen gefahren, die je nach Fahrwerksaufwand und Karosseriebearbeitung in verschiedenen Dimensionen benutzbar sind. Als maximale Felgenbreiten kann man vorne 8½″ und hinten 10″ annehmen. Für Rallyezwecke sind schmalere Felgen (maximal 7½″) zu empfehlen. In der folgenden Tabelle sind mögliche Reifen und Felgenkombinationen, die für die kleinen BMWs in Frage kommen, aufgeführt.

Reifen-Tabelle

Typ	Größe	Felgen-breite	Abroll-umfang mm
Gürtel-reifen	165-13	4½″–5½″	1803 (1821 XAS)
	175-13	5″–6″	1840
	185/70-13	5″–6″	1803
	195/70-13	5½″–6½″	ca. 1830
Racing (Dunlop)	5.00 L 13	4½″–7½″	1832
	5.50 L 13	4½″–7½″	1915
	4.50 M 13	6½″–8″	1755
	5.25 M 13	7″–8½″	1872
	4.75/10.00-13	7″–9″	1811
	4.75/11.50-13	8″–10″	1811
	4.50/11.60-13	9″–10″	1773
Racing (Veith-Pirelli)	4.50/7.75-13	4½″–7″	1750
	5.00/9.10-13	5½″–7½″	1815
	5.00-13	5½″–7½″	1834
	4.50/10.50-13	7½″–10″	1750

Rennreifen sind normalerweise mit verschiedenen Gummimischungen erhältlich, die in der Rutschfestigkeit zum Teil sehr unterschiedlich sein können. Zum Beispiel Dunlop Racing:

Mischung 970 universell geeignet für nasse und trockene Fahrbahn

Mischung 184 für trockene Fahrbahn, geringer Abrieb

Mischung 350 in erster Linie für nasse Fahrbahn geeignet

Bremsen

Der Aufbau der Bremsanlage ist vom Prinzip her bei den kleinen BMW-Modellen einheitlich. Sie besitzen vorne Ate-Dunlop Scheibenbremsen und hinten Trommelbremsen mit getrennten Bremskreisen. In der Dimensionierung bestehen jedoch gewisse Unterschiede, die im Falle einer Leistungssteigerung von Bedeutung sind. So findet man bei den Modellen 1600, 1600 TI und 2002 10 mm starke Bremsscheiben in Verbindung mit einem kleinen Vierkolben-Sattel. Der schnellere 2002 TI besitzt stärkere Bremsscheiben (12,7 mm) und den schweren Vierkolben-Sattel, wodurch sich gleichzeitig eine wesentliche Vergrößerung der Belagfläche ergibt.

Die Leistungsfähigkeit der kleinen Bremse der Modelle 1600, 1600 TI und 2002 ist natürlich beschränkt und für größere Leistungssteigerungen nicht ausreichend. Auch hier dürfte die Leistungsgrenze bei ca. 115 PS liegen, wobei natürlich auch die Belastung und Fahrweise eine Rolle spielen. Bei weitergehenden Leistungssteigerungen empfiehlt sich der Einbau der TI-Bremsanlage in Verbindung mit den verstärkten Federbeinen, Achsschenkeln und Radnaben.

Bei einer Anhebung der Leistung auf über 115 PS verlangt BMW bei den Typen 1600/2002 eine Verstärkung der Bremsanlage. Der Einbau stärkerer oder innenbelüfteter Bremsscheiben erfordert außerdem die Verwendung eines größeren und breiteren Bremssattels sowie Federbeine mit stärkerem Achsschenkel.

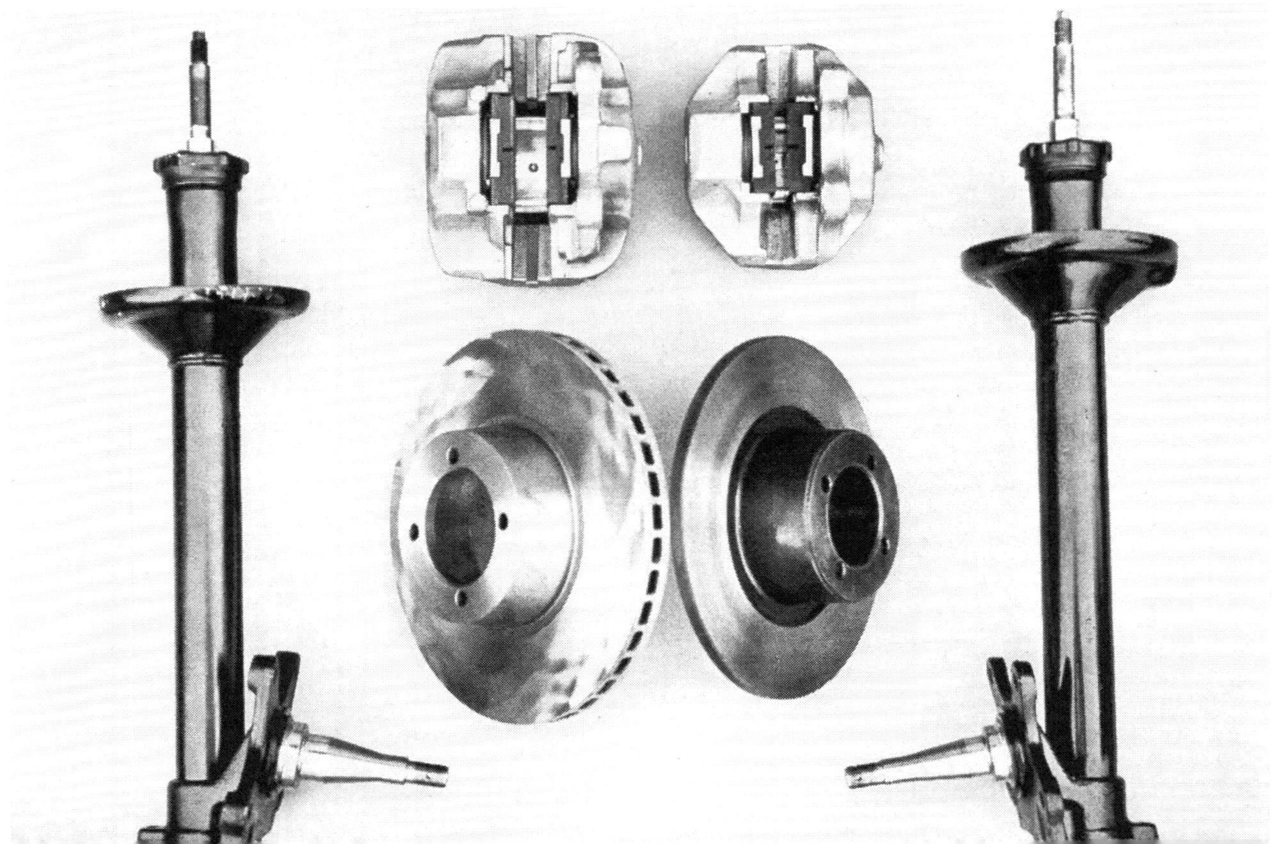

Zur besseren Belüftung der Bremsscheiben benutzt ALPINA spezielle Abdeckbleche. Dahinter ist die Aufhängung des einstellbaren Stabilisators zu erkennen.

Prinzipiell sollte jede Bremsanlage durch geeignete, hitzefeste Bremsbeläge und bessere Luftzufuhr standfester gemacht werden. Für den Straßenbetrieb sind Textar-Beläge der Bezeichnung V 14/31 G zu empfehlen, während auf Rennstrekken Ferodo DS 11 vorgezogen wird. Eine bessere Scheibenbelüftung erreicht man durch Aufbiegen der hinteren Abdeckbleche oder speziell gefertigte Abdeckbleche mit Lufthutze. Für den Rennbetrieb ist hochsiedende Bremsflüssigkeit (Ate »H«-Flüssigkeit) zu empfehlen, die öfter gewechselt werden muß.

Eine weitere, ganz wesentliche Verbesserung der Bremsanlage läßt sich durch den Einbau innenbelüfteter Bremsscheiben erreichen, die thermisch höher belastbar sind (Bezugsquelle: BMW-Alpina). Diese Bremsscheiben sind vor allem für Wettbewerbswagen zu empfehlen und werden in Verbindung mit einem verbreiterten Bremssattel der großen Ausführung benutzt.

Ebenfalls für Wettbewerbswagen empfiehlt sich der Einbau von Leichtmetall-Bremssätteln, die gegenüber den serienmäßigen S-Sätteln rund 5 kp an Gewicht sparen. Diese Maßnahme dient jedoch nicht der Verbesserung der Bremsanlage, sondern der Straßenlage. Da die Bremssättel zu den ungefederten Massen der Radaufhängung zählen, bringt diese Gewichtsreduzierung auf unebener Strecke eine Verbesserung der Bodenhaftung.

Die serienmäßigen hinteren Trommelbremsen – nur beim BMW 1600 noch mit 200 mm Durchmesser – können durch Bohrungen und Lufthutzen besser belüftet werden. Auch hier sind

Nur für den Renneinsatz ist diese hintere Scheibenbremse vorgesehen, die bei ALPINA in beschränkter Stückzahl lieferbar ist.

spezielle Beläge von Vorteil, wobei sich der aufgeklebte Energit 999 Belag hervorragend bewährt hat. Für den Renneinsatz wurde bei BMW-Alpina zudem eine hintere Scheibenbremse entwickelt, die im Sport erfolgreich eingesetzt wurde und in beschränkter Stückzahl lieferbar ist.

SPEZIALMOTOREN UND MOTOR-UMBAUSÄTZE

Die Auswahl an leistungssteigernden Anlagen oder fertig montierten Spezialmotoren ist für die kleinen BMW-Modelle besonders reichlich. Sogar komplette Rennmotoren optimaler Leistung kann man zu fest kalkulierten Preisen käuflich erwerben. Wir möchten die komplett montierten Motoren, die meist im Austauschverfahren angeboten werden, all jenen leistungshungrigen BMW-Fahrern empfehlen, denen die werkstattmäßigen oder handwerklichen Erfahrungen fehlen, weitergehende Tuningmaßnahmen selbst vorzunehmen. Da gerade der BMW-Motor nicht zu den einfachsten Bastelobjekten in der Tuning-Branche zählt, ist es letzten Endes meist billiger, den zunächst teuer erscheinenden Preis für einen kompletten Motor an eine renommierte Tuning-Firma zu entrichten, als weniger berufene Firmen mit den doch recht diffizilen Arbeiten einer höheren Leistungssteigerung zu beauftragen oder diese gar selbst vorzunehmen. Sofern es sich um den Einbau einer Doppelvergaseranlage oder eines Spezialzylinderkopfes handelt, so kann man diese Arbeiten bei einigem Geschick selbst ausführen oder in einer guten Werkstatt machen lassen.

Alpina-Anlagen

Bestehend aus einer kompletten Zweivergaseranlage mit 2 Weber-Doppelvergasern 40 DCOE, zwei Ansaugrohren, Luftfilter und Gasgestänge, passend für 1,6 Liter und 2 Liter-Motoren, Leistungssteigerung bei den Einvergasermodellen ca. 15 bis 18 PS.
Preis ca. 900,– Mark

Alpina-Anlage mit Spezialzylinderkopf

Die gleiche Anlage in Verbindung mit einem komplett montierten Spezialzylinderkopf mit erhöhter Verdichtung und anderer Nockenwelle. Verwendbar für BMW 1600/2002 und 2002 TI.
Leistungssteigerung ca. 25 PS (1600/2002 TI) bis 40 PS (2002)
Preis ca. 2000,– Mark

Alpina-Spezialmotor 1600 ccm

Komplett neu aufgebauter Motor (i. T.) mit geschmiedeten Kolben, Verdichtungsverhältnis 11:1, bearbeitetem Zylinderkopf mit Sportnockenwelle und größeren Ventilen, 2 Weber-Doppelvergasern 45 DCOE, Pleuel bearbeitet, komplett mit Spezialauspuffanlage.
Leistung über 140 PS
Preis ca. 3600,– Mark

Alpina-Spezialmotor 2000 ccm

Komplett neu aufgebauter Motor (i. T.) mit TI-Kolben, Verdichtungsverhältnis ca. 10:1, bearbeitetem Zylinderkopf mit Sportnockenwelle, zwei Weber-Doppelvergasern 40 DCOE, Pleuel bearbeitet, komplett mit Spezialauspuffanlage.
Leistung ca. 150 PS
Preis ca. 2600,– Mark

Alpina-Spezialmotor 2000 ccm

Komplett neu aufgebauter Motor (i. T.) mit geschmiedetem Kolben, Verdichtungsverhältnis 11:1

bearbeitetem Zylinderkopf mit größeren Ventilen und Sportnockenwelle, 2 Weber-Doppelvergasern 45 DCOE, Pleuel bearbeitet, komplett mit Spezialauspuffanlage und Luftfilter.
Leistung über 160 PS
Preis ca. 3600,– Mark

Alpina-Spezialmotor 2000 ccm

Komplett neu aufgebauter Motor (i. T.) mit geschmiedeten Kolben, Verdichtungsverhältnis 11:1, bearbeitetem Zylinderkopf mit größeren Ventilen und Sportnockenwelle, Kugelfischer-Benzineinspritzung, Kurbeltrieb bearbeitet, komplett mit Spezialauspuffanlage und Luftfilter.
Leistung ca. 170 PS
Preis ca. 5700,– Mark

Alpina-Rennmotor 1600 bzw. 2000 ccm

Komplett neu aufgebauter Motor (i. T.) mit geschmiedetem Kolben, Verdichtungsverhältnis über 11:1, bearbeitetem Zylinderkopf mit größeren Ventilen und Renn-Nockenwelle, 2 Weber-Doppelvergasern 45 DCOE, Kurbeltrieb und Schmiersystem überarbeitet, komplett mit Rennauspuffanlage.
Leistung ca. 175 PS (1,6 Liter) bzw. über 200 PS (2 Liter).
Preis ca. 4900,– Mark

Der Aufbau eines Rennmotors erfordert große Erfahrung, eine sehr gute werkstattmäßige Ausrüstung und – worauf man nie verzichten sollte – einen abschließenden Prüfstandlauf. Aus diesem Grund sollte man solche Spitzenarbeiten stets den dafür eingerichteten Tuningfirmen überlassen.

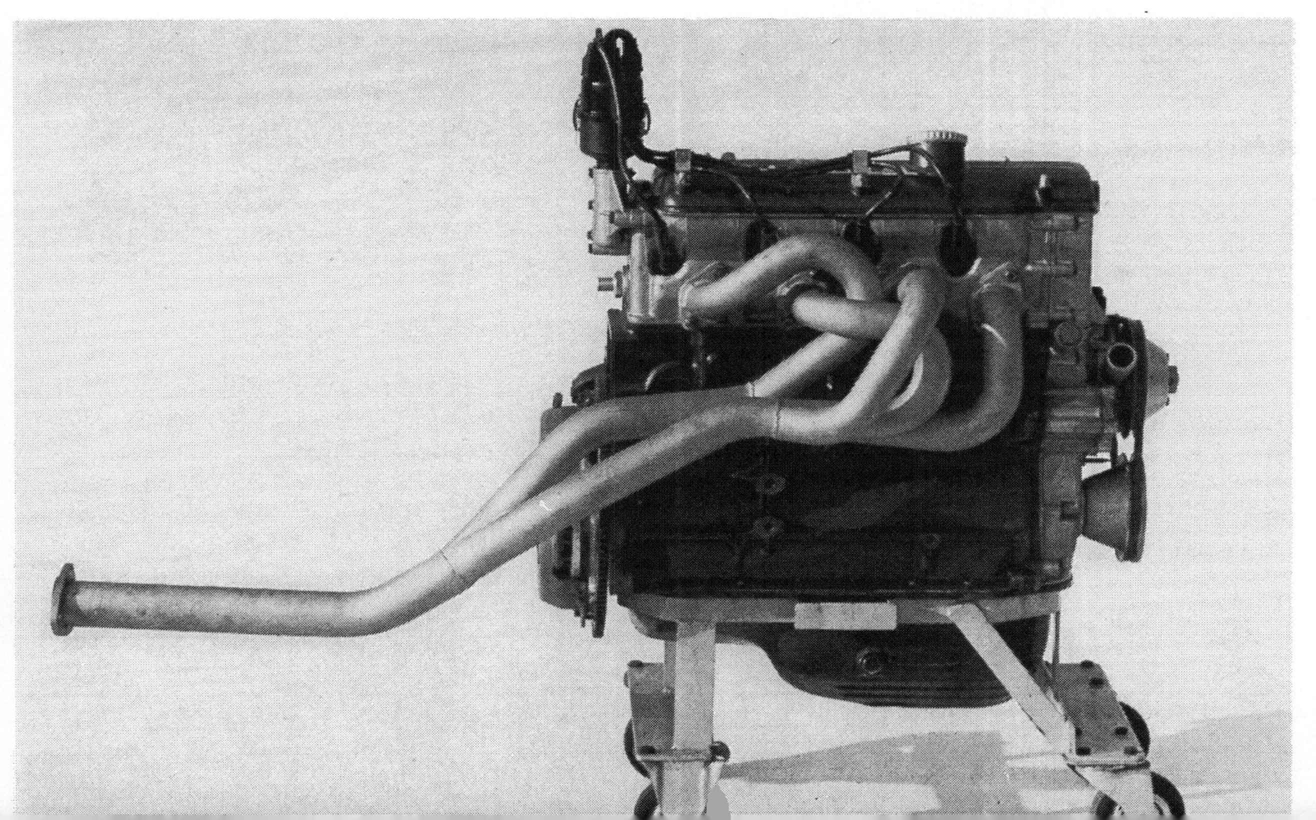

Alpina-Rennmotor 2000 ccm

Komplett neu aufgebauter Motor (i. T.) mit geschmiedeten Kolben, Verdichtungsverhältnis über 11:1, bearbeitetem Zylinderkopf mit größeren Ventilen und Renn-Nockenwelle, Kugelfischer-Benzineinspritzung (Spezialentwicklung), Kurbeltrieb und Schmiersystem überarbeitet, komplett mit Rennauspuffanlage.
Leistung ca. 210 PS
Preis ca. 6900,– Mark

Schnitzer-Umbauanlage

Bestehend aus einer kompletten Zweivergaseranlage mit zwei Solex-Doppelvergasern 40 PHH, zwei Ansaugrohren, Luftfilter und Gasgestänge. passend für 1,6 Liter- und 2 Liter-Motoren, Leistungssteigerung ca. 15 bis 18 PS.
Preis ca. 900,– Mark

Schnitzer-Umbauanlage mit Spezialzylinderkopf

Die gleiche Anlage in Verbindung mit einem komplett montierten Spezialzylinderkopf mit erhöhter Verdichtung und anderer Nockenwelle. Verwendbar für BMW 2002, Leistungssteigerung ca. 38 bis 40 PS. Preis ca. 1950,– Mark

Schnitzer-Spezialzylinderkopf

Spezialzylinderkopf komplett montiert (i. T.) mit erhöhter Verdichtung und anderer Nockenwelle, verwendbar für BMW 1600 TI, 2002, 2002 TI. Leistungssteigerung je nach Motor in Verbindung mit einer Doppelvergaseranlage 15 bis 40 PS.
Preis ca. 1190,– Mark

Schnitzer-Spezialmotor 2000 ccm

Spezialmotor im Austausch mit 45 mm ⌀ Doppelvergasern, Spezialzylinderkopf mit erhöhter Verdichtung und anderer Nockenwelle, Sportfilter.
Leistung ca. 150 PS
Preis ca. 2950,– Mark

Schnitzer-Rallyemotor 2000 ccm

Motor i. T. mit 45 mm ⌀ Doppelvergasern, Rallyefilter und Spezialauspuffanlage.
Leistung ca. 175 PS
Preis ca. 4800,– Mark

Schnitzer-Rennmotor 1600 ccm

Motor i. T. mit 45 mm ⌀ Doppelvergasern bzw. Kugelfischer-Benzineinspritzung, leichter Kupplung und Rennauspuffanlage.
Leistung ca. 160 PS bzw. 170 PS mit Einspritzung
Preis ca 5200,– Mark bzw. 7400,– Mark mit Einspritzung

Schnitzer-Rennmotor 2000 ccm

Motor i. T. mit Doppelvergasern 45 mm ⌀ bzw. Kugelfischer-Benzineinspritzung, leichter Kupplung und Rennauspuffanlage.
Leistung ca. 200 PS bzw. 205 PS mit Einspritzung
Preis ca. 4800,– Mark bzw. 7400,– Mark mit Einspritzung

SPORTLICHES ZUBEHÖR

Zur großen Freude der einschlägigen Branche sind die meisten Autofahrer mit der serienmäßigen Ausstattung ihres erworbenen Automobils selten zufrieden. Das Angebot der Zubehörindustrie ist dementsprechend groß und breit gefächert. Doch sollen hier nur solche Artikel interessieren und vorgestellt werden, die entweder durch das nachträgliche Tuning eines Automobils notwendig werden, oder aber dem Geschmack und den Ansprüchen des sportlich eingestellten Fahrers besonders entgegenkommen bzw. für den Wettbewerbseinsatz nützlich sind.

Für den BMW passende Zusatzinstrumente sind, soweit noch nicht vorhanden, unbedingt zu empfehlen. Drehzahlmesser, Ölmanometer, Ölthermometer und ein exaktes Wasserthermometer dienen der besseren Kontrolle des getunten Motors.

Instrumente

Zu den notwendigen Dingen zählen hier zunächst diverse Zusatzinstrumente, die dazu dienen, das Wohlbefinden eines leistungsgesteigerten Motors kontrollieren zu können und somit überraschende Schäden (durch Überhitzung oder Öldruckabfall z. B.) vermeiden helfen. Für den getunten BMW-Motor sind hierzu vier Instrumente vonnöten: **Drehzahlmesser, Ölthermometer, Wasserthermometer** und **Öldruckmesser.** Die modernen Zusatzinstrumente arbeiten fast alle mit elektrischer Übertragung, was zwar nicht unbedingt ihre Anzeigegenauigkeit erhöht, aber ihren Einbau sehr erleichtert. VDO liefert für den BMW komplette Einbausets mit allen notwendigen Teilen. Der Drehzahlmesser, sofern noch nicht vorhanden, kann an Stelle der Zeituhr im BMW-Armaturenbrett untergebracht werden. Spezialarmaturenbretter in mattschwarzer Ausführung mit erweitertem Tachometerbereich und VDO-Drehzahlmesser mit einstellbarem Höchstdrehzahlanzeiger liefern die Firmen Alpina und Schnitzer. Für den Renneinsatz liefert Alpina außerdem einen Spezialdrehzahlmesser (Smith) mit mechanischer Übertragung, der im oberen Drehzahlbereich exakter arbeitet, einen Drehzahlspion besitzt und einen Meßbereich bis 10000 U/min hat.

Normalerweise reichen folgende Meßbereiche aus:

Drehzahlmesser bis 8000 U/min
Ölthermometer bis 140 Grad
Wasserthermometer bis 120 Grad
Öldruckmesser bis 5 atü

Sitze

Zu den nicht unbedingt notwendigen, aber in jedem Fall empfehlenswerten Accessoires zählt vor allen Dingen ein guter Fahrersitz, was nicht heißen soll, daß es der Beifahrer schlechter haben muß. Denn die Seriensitze der meisten Automobile sind in den seltensten Fällen für schnelles Fahren geeignet, da sie in den Kurven zu wenig seitlichen Halt bieten und in der Sitzfläche zu flach und zu weich gepolstert sind. Neben den reinen Schalensitzen, die vornehmlich für den Wettbewerbseinsatz oder für harte Männer zu empfehlen sind, gibt es noch eine Reihe von körpergerecht ausgearbeiteten Sportsitzen, die außerdem einen annehmbaren Komfort aufweisen können. Im Alltagsbetrieb und im Sport haben sich die Sport- und Schalensitze der Firmen Recaro und Scheel besonders gut bewährt. Die genannten Fabrikate sind auch in Material-Qualität und Verarbeitung recht gut. Die Preise liegen etwa zwischen 250 und 400 Mark pro Sitz, einschließlich der zum Einbau notwendigen Konsole.

Lenkräder

Ebenso wie gute Sitze zählen auch vernünftige Sportlenkräder zu jenen Artikeln, die man als sportlicher Fahrer oder als Sportfahrer nicht missen möchte. Abgesehen davon, daß ein solches Lenkrad besser aussieht, trägt es auch durch seine geringere Massenträgheit zu einem besseren Fahrbahnkontakt bei. Als Sportlenkräder werden heute fast ausnahmslos Leichtmetall-Lenk-

Eine der wichtigsten Voraussetzungen für gutes und ermüdungsfreies Fahren sind einwandfreie Sitze. Die Seriensitze dürften hier kaum befriedigen, während die individuell geformten Sport- und Schalensitze der Firmen Recaro und Scheel bestens geeignet sind (von links: Scheel-Rennsitz, Recaro-Schalensitz, Recaro-Idealsitz, Scheel-Rallyesitz).

Sportlenkräder mit gepolstertem Lederkranz sind nicht nur eine Augenweide, sondern bieten auch beim Fahren echte Vorteile.

Zu dem »schnellen« Lenkrad die passende »schnelle« Lenkung. Dieses ZF-Lenkgetriebe mit direkterer Übersetzung (12,8 : 1) ist für Wettbewerbswagen zu empfehlen (Bezugsquelle: ALPINA).

räder mit gepolstertem Lederkranz benutzt, die nicht nur griffsympathischer als die früher verwendeten Holzlenkräder sind, sondern im Falle eines Falles auch splittersicher. Auch hier gibt es in Qualität und Preis sehr unterschiedliche Ausführungen, so daß man nur die Empfehlung geben kann, sich an bewährten Markenfabrikaten zu orientieren. Die Preise für ein gutes Lederlenkrad liegen, einschließlich der zum Einbau in den BMW notwendigen Nabe, zwischen 150 und 200 Mark. Im Durchmesser kann man für den kleinen BMW ca. 360 mm als untere Grenze ansehen.

Sicherheit

Man braucht nicht unbedingt ein Sicherheitsapostel zu sein, um sich zu einem weiteren sehr wichtigen Zubehör zu entschließen, nämlich zu Anschnallgurten. Schließlich ist es unbestritten, daß bei Kollisionen leichterer Natur oder bei Überschlägen Sicherheitsgurte den meisten Schutz bieten, wenn sie vernünftig ausgeführt sind und wenn die Karosserie-Fahrgastzelle ausreichend steif ist. Zur Versteifung des Daches empfiehlt sich bei den kleinen BMW-Limousinen ein Überollbügel, wie er von Alpina und anderen Händlern angeboten wird. Bei den Gurten selbst sollte man auf ausreichend breites Gurtmaterial und ordentliche Verschlüsse achten. Auch ist in jedem Fall dem etwas teureren Dreipunktgurt – gegenüber dem einfachen Schrägschulter- oder Bauchgurt – der Vorzug zu geben. Die notwendigen Befestigungspunkte sind bei der BMW-Karosserie schon vorgesehen, so daß die Montage

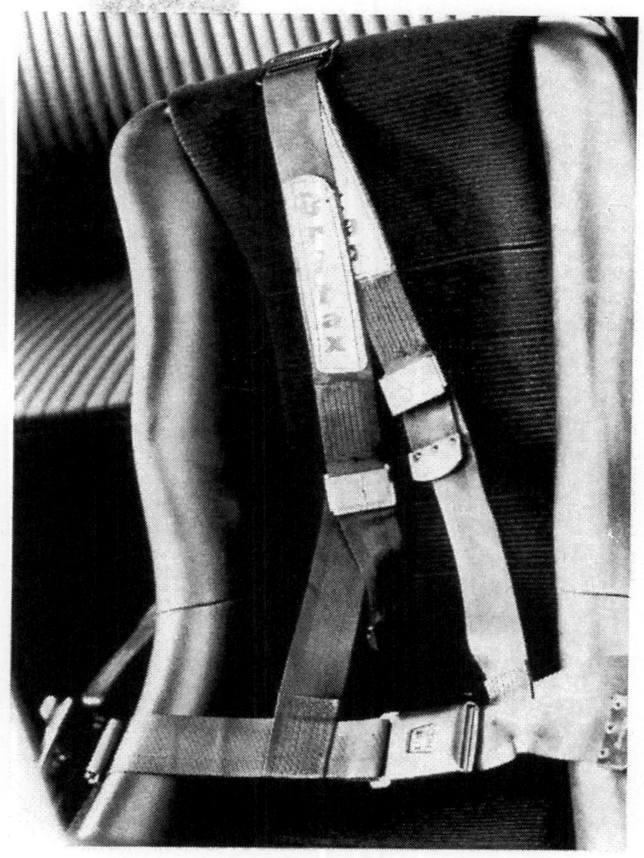

Optimale Anschnallsicherheit bietet von allen Gurttypen nur der Hosenträgergurt, wie er in Wettbewerbswagen ausschließlich Verwendung findet. Auch im Normalbetrieb ist dieser Gurt den üblichen einfachen Gurttypen vorzuziehen, wenn er auch die Benutzbarkeit der Rücksitze einschränkt.

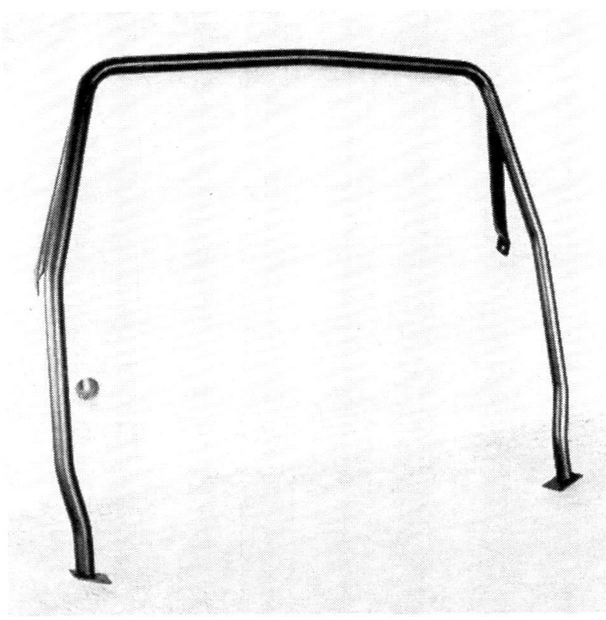

Ein der Karosserieform angepaßter, stabiler Überrollbügel sorgt dafür, daß das Karosseriedach bei »Rollübungen« nicht eingedrückt wird. Für Rennfahrzeuge ist ein solcher Bügel vorgeschrieben und kann auch im Straßenfahrzeug nicht schaden (ALPINA).

keine Schwierigkeiten bereitet. Für den Wettbewerbseinsatz sind sogenannte Hosenträgergurte, die ein besonders sicheres Anschnallen gewährleisten, vorzuziehen. Im Alltag sind jedoch diese Gurte ziemlich umständlich zu benutzen.

Scheinwerfer

Nicht zuletzt möchten wir auch noch eine Verbesserung der Beleuchtung vorschlagen, denn das serienmäßige Licht der kleinen BMW-Limousinen steht in keiner Relation zu den hohen Fahrleistungen. Wer diese auch bei Nacht ausnutzen möchte, kommt um zusätzliche Halogen-Fernscheinwerfer kaum herum. Diese sollten mindestens einen Lichtaustritt von 135 mm haben, um eine gute Reichweite und Lichtausbeute zu gewährleisten. Sehr gut haben sich die Modelle von Cibié (Typ Oskar) und Hella (Typ Le Mans) in Wettbewerben bewährt. Es handelt sich dabei um sehr große Scheinwerfer, die einer stabilen Befestigung bedürfen. Von Bosch, Hella, Cibié, Marchal und Carello sind auch kleinere Fernscheinwerfer mit vernünftigem Durchmesser erhältlich, die hinsichtlich der Befestigung und des Raumes keine Probleme aufwerfen, andererseits aber auch nicht die Leistung der großen Typen haben. Für Nebelscheinwerfer (Breitstrahler) gilt sinngemäß das gleiche.
Der Preis für Halogen-Zusatzscheinwerfer liegt zwischen 35 und 65 Mark, je nach Fabrikat und Typ.
Weiterhin läßt sich das vorhandene Fern- und Abblendlicht durch den Einbau von sogenannten Halogeneinsätzen an Stelle der vorhandenen konventionellen Scheinwerfer verbessern. Halogeneinsätze für die Hauptscheinwerfer liefern die Firmen Cibié, Carello, Marchal und Hella. Zum Einbau dieser Einsätze ist die Seald-beam-Halterung der Amerika-Ausführung notwendig. Dieses Teil ist als BMW-Ersatzteil zu beziehen. Sofern das Standlicht bei den Halogen-Einsätzen nicht vorgesehen ist, muß dieses nach außen verlegt werden.

Diese Scheinwerferbatterie hält sich noch im Rahmen des Erlaubten, wobei auch die Hauptscheinwerfer mit Halogeneinsätzen bestückt wurden.

Besonders im Sommer ist darauf zu achten, daß Zusatzscheinwerfer nicht den gesamten Lufteinlaß für den Kühler abdecken, da sonst unter Umständen Kühlprobleme auftreten können.

Leichte Karosserieteile

Wer ernsthaft an Wettbewerben teilnehmen möchte, muß, nachdem Motor und Fahrwerk entsprechend hergerichtet wurden, darauf achten, das Gewicht des Wagens so niedrig wie möglich zu halten. BMW hat für die kleinen Limousinen einige Karosserieteile aus Kunststoff (Hauben, Türen, Kotflügel) und Seitenfenster aus Plexiglas homologiert, die eine Minderung des Gewichts bis zum Homologationsgewicht (890 kg beim 2002 TI, 870 kg beim 1600) zulassen. Die Gewichtserleichterung durch diese Teile beträgt ca. 50 bis 60 kp. Zu beziehen sind sie über Alpina, Schnitzer und andere Firmen, die sich mit der Präparation

Leichte Karosserieteile, wie Kotflügel, Türen und Hauben aus Kunststoff kommen nur für Wettbewerbswagen in Frage. Außer der Frontscheibe werden alle Scheiben durch Plexiglas ersetzt.

von Wettbewerbswagen befassen. Ein kompletter Teilesatz ist auch direkt bei BMW über die Sportabteilung erhältlich.

Große Tanks

Bekanntlich ist der serienmäßige Tankinhalt der kleinen BMW-Modelle mit ca. 46 Litern nicht allzu üppig ausgefallen. Auf diese Weise wird der Aktionsradius unnötig stark eingeschränkt und schon mit einem serienmäßigen 2002 TI muß man nach ca. 300 km strammer Fahrt sicherheitshalber zur Zapfsäule. Um so mehr wirkt sich dieser kleine Tankinhalt bei getunten BMWs oder bei Wettbewerbsfahrzeugen aus, die im allgemeinen einen zum Teil weit höheren Verbrauch haben. Bekanntlich erlauben jedoch die Sportgesetze in der Gruppe 2 die Vergrößerung des Tankinhalts und zwar bei einem Hubraum von 1600 ccm bis auf 90 Liter, bei 2000 ccm bis auf 100 Liter. Solche Wettbewerbstankanlagen mit der zulässigen Literzahl werden von den verschiedenen Tuningfirmen geliefert, wobei man auf eine einwandfreie Tankentlüftung und ausreichend dimensionierte Einfüllstutzen mit Schnellverschluß achten sollte, da von diesen Kriterien ein schnelles Betanken abhängt. Solche Anlagen bestehen meist aus einem Zusatztank, wobei der ursprüngliche Serientank mitbenutzt wird. Für den Hausgebrauch sind diese Tankanlagen jedoch zu aufwendig und kompliziert, so daß wir hierfür einen einfachen vergrößerten Tank empfehlen möchten, der an Stelle des Serientanks eingebaut wird. Einen solchen einfachen Tank mit einem Fassungsvermögen von rund 90 Liter, betankbar nach Öffnen der Kofferraumhaube, hat ALPINA neben den Wettbewerbstankanlagen im Programm.

Bei dieser zweiteiligen Wettbewerbstankanlage von ALPINA ist der Zusatz-Aluminiumtank unfallsicher und für die Gewichtsverteilung vorteilhaft zwischen den hinteren Radkästen untergebracht.

ZU GUTER LETZT-DER TÜV

In unserem Land muß alles seine Ordnung haben. Man kann nicht einfach mit einem Auto herumfahren, das plötzlich 10 PS mehr hat, oder womöglich mittels breiterer Felgen und Reifen eine bessere Straßenlage erhielt, ohne die Behörden davon in Kenntnis zu setzen. Auf gut Amtsdeutsch heißt es, daß jede bauliche Veränderung einer Abnahme (nach § 19 der StVZO) durch die zuständige Überwachungsbehörde bedarf und anschließend in die Kfz-Papiere eingetragen werden muß. Die Abnahme erfolgt durch den TÜV oder TÜA, dort werden die jeweiligen Änderungen auch in den Kfz-Brief eingetragen. Mit diesem Eintrag geht man dann zur zuständigen Zulassungsstelle (der TÜV kann beliebig gewählt werden), die den Eintrag in den Kfz-Schein vornimmt. Insgesamt, wie man zugeben muß, eine sehr umständliche und mühselige Prozedur, die außerdem häufig durch geringes Entgegenkommen der jeweiligen Amtspersonen erschwert wird. Man sollte diese Mühe deshalb nur dann auf sich nehmen, wenn eine bauliche Veränderung eindeutig vorliegt bzw. erkennbar ist.

Bei offensichtlichen Änderungen (wie z.B. Doppelvergaseranlagen usw.) ist die Vorlage eines Mustergutachtens notwendig. Die meisten Hersteller dieser Anlagen haben solche Gutachten anfertigen lassen. Besonders glatt geht eine Abnahme dann, wenn z.B. für einen kompletten Spezialmotor eine ABE (Allgemeine Betriebserlaubnis) durch das Kraftfahrt-Bundesamt vorliegt. Dies ist jedoch sehr selten der Fall. Ansonsten wird eine Abnahme erleichtert, wenn eine die jeweilige Veränderung betreffende Unbedenklichkeitserklärung des Herstellerwerkes vorliegt. Solche Erklärungen werden gewöhnlich an Privatpersonen nicht ausgegeben, so daß es keinen Sinn hat, eine Automobilfirma in dieser Angelegenheit anzuschreiben. Unbedenklichkeitserklärungen erhalten entweder der TÜV oder namhafte Tuningbetriebe, deren Arbeit anerkannt wird.
Am besten, man überläßt die Fahrzeugabnahme der jeweiligen Tuning-Firma, die das Fahrzeug herrichtet. Dort verfügt man über die notwendigen Erfahrungen und Papiere. Hat man sein Auto in Heimarbeit »unübersehbar« verbessert, so ist eine Vorsprache beim zuständigen TÜV oder bei einer als besonders entgegenkommend bekannten Prüfstelle unumgänglich.

NÜTZLICHE ADRESSEN

Albert & Co. Wörgl/Österreich	Nockenwellen
ALPINA 8938 Buchloe, Alpenstraße 37	BMW-Tuning, Alpina-Anlagen, Spezialmotoren, Rennmotoren, komplette Rennfahrzeuge, Räder und Felgen, Lenkräder, Sitze, Scheinwerfer, Spezialzubehör
ASZ Auto-Sport-Zubehör GmbH 46 Dortmund, Steinstr. 51	Zubehör, Räder
ATE Alfred Teves GmbH 6 Frankfurt, Rebstöckerstraße 41–53	Bremsen, Bremsbeläge, Ventile
ATS GmbH 68 Mannheim 1, Postf. 172	Räder, Distanzscheiben
BERU Verkaufsgesellschaft mbH 714 Ludwigsburg Wernerstraße 35	Zündkerzen
Bilstein, August 5828 Ennepetal-Altenvoerde, Talbahnstraße	Stoßdämpfer, Federbeine
Boge GmbH 5208 Eitorf/Sieg, Bogestraße	Stoßdämpfer, Federbeine
Bosch GmbH 7141 Schwieberdingen Robert-Bosch-Straße	Auto-Elektrik, Scheinwerfer, Zubehör
Carello Interconti Industriekontor GmbH 71 Heilbronn, Neckarsulmer Straße 36	Scheinwerfer
Cibié Rudolf Warme 6272 Niedernhausen Idsteiner Straße 7	Scheinwerfer
Energit GmbH 7253 Renningen, Industriestraße	Bremsbeläge
Fichtel & Sachs AG 872 Schweinfurt Ernst-Sachs-Straße 62	Kupplungen, Stoßdämpfer
Fram-Filter GmbH 6361 Beienheim, Framstr.	Filter aller Art

Glyco-Metall-Werke Daelen & Loos GmbH 62 Wiesbaden-Schierstein, Stielstraße 11	Lagerschalen
Grähser, Jürgen 6602 Dudweiler Fischbachstraße 20	BMW-Tuning, Spezialzubehör
Hella Westf. Metall Industrie KG Hueck & Co. 478 Lippstadt, Lüningstr.	Scheinwerfer und Zubehör
Knecht GmbH 7 Stuttgart-Bad Cannstatt Haldenstraße 48	Filter
Koepchen, Hans Peter 4151 Willich Krefelder Straße 196	BMW-Tuning, Spezialzubehör
Kolben-Schmidt, Karl Schmidt GmbH 7101 Neckarsulm Chr.-Schmidt-Straße 2	Kolben
Koni-Verkauf Deutschland Pontus-Handel, Helmut Felder KG 563 Remscheid-Lennep Industriehof	Stoßdämpfer
Kronprinz AG 565 Solingen-Ohligs	Räder, Felgen
Lemmerz-Werke GmbH 533 Königswinter Ladestraße	Räder, Felgen
Mahle KG 7 Stuttgart-Bad Cannstatt Pragstraße 26—46	Kolben, Spezial-Kolben
Mann & Hummel GmbH 714 Ludwigsburg Hindenburgstraße 37—43	Filter aller Art
Mille Miglia, Bernd Becker 658 Idar-Oberstein 2 Pappelstraße 3	Ansaugtrichter
Moto Meter GmbH 725 Leonberg Daimlerstraße 6	Instrumente, Kompressionsdruckprüfer, Synchrotest
Nöldeke GmbH 775 Konstanz Theodor-Heuss-Str. 36	Weber-Vergaser
Rallye Bitter 5830 Schwelm Hattinger Str. 5	Zubehör
Recaro GmbH & Co. 7 Stuttgart Augustenstraße 82	Schalensitze, Sportsitze
Remotec 68 Mannheim-Käfertal Bad Kreuznacher Straße	Leichtmetallräder

Scheel 7 Stuttgart-Untertürkheim, Nürburgstraße 9 c	Schalensitze, Sportsitze
Scherdel KG 8590 Marktredwitz Goethestraße 1	Ventilfedern
Schleicher 8 München 25 Boschetsrieder Str. 125	Nockenwellen, Ventilfedern, Stößel
Schmitthelm 69 Heidelberg Hans-Bunte-Straße 6	Ventilfedern, Radfedern
Schnitzer 8228 Freilassing/Obb.	BMW-Tuning, Spezialmotoren, kompl. Rennfahrzeuge, Spezialzubehör
Solex Deutsche Vergaser-Ges. mbH & Co. KG 404 Neuß Büdericher Straße 15	Vergaser
Stolo 2 Hamburg 56 Am Bahnhof 15	Vergaseranlagen
Textar GmbH 509 Leverkusen-Schlebusch, Jägerstraße 1–25	Bremsbeläge
VDO Tachometer Werke Adolf Schindling GmbH 6 Frankfurt W 13 Gräfstraße 103	Tachometer, Instrumente, Spezialzubehör, Speedpilot, Tripmaster
ZIMA 8 München 60 Pippinger Straße 98	Motortuning, Spezialzubehör

Zeitfracht Medien GmbH
Ferdinand-Jühlke-Straße 7
99095 Erfurt, Deutschland
produktsicherheit@kolibri360.de